本书由国家自然科学青年基金项目：川藏铁路（川西段）沿线自然保护区过渡区生态安全格局构建研究（51908470）及西南交通大学建筑与设计学院出版计划共同资助出版

破碎化景观格局的修复

The Restoration of Fragmented Landscape Structures

钱丽源　著

U0301755

中国建筑工业出版社

图书在版编目（CIP）数据

破碎化景观格局的修复＝The Restoration of Fragmented Landscape Structures/钱丽源著，—北京：中国建筑工业出版社，2021.4
ISBN 978-7-112-25977-9

Ⅰ.①破… Ⅱ.①钱… Ⅲ.①景观保护—研究 Ⅳ.①X32

中国版本图书馆CIP数据核字（2021）第045628号

责任编辑：杜　洁　李玲洁
责任校对：李欣慰

破碎化景观格局的修复
The Restoration of
Fragmented
Landscape Structures
钱丽源　著

＊

中国建筑工业出版社出版、发行（北京海淀三里河路9号）
各地新华书店、建筑书店经销
北京建筑工业印刷厂制版
北京建筑工业印刷厂印刷

＊

开本：880毫米×1230毫米　1/32　印张：3　插页：2　字数：120千字
2021年4月第一版　　2021年4月第一次印刷
定价：**38.00**元
ISBN 978-7-112-25977-9
（36779）

序

《破碎化景观格局的修复》是一本非常具有启发性的小册子，也是笔者在西班牙求学时潜心做学术博士研究的前半部分，对于与后半部分的珠联璧合很是期待。

这本书的逻辑结构非常简明，分为呈递进关系的三个部分，即地球景观破碎化的现状、破碎化景观格局修复的经典以及景观修复的未来，在每个部分又分"斑—廊—基"的"经"类型维度叠加以"资源过度开采—城市过度扩张—自然灾害—人道主义破坏"的"纬"类型维度展开论述。文章深入浅出，可读性强，这里推荐给大家。

人类自采集－狩猎时代进入农业社会之后，对于大自然环境的干扰力度和能力呈几何级数急剧提升，自然之"魅"在人类眼中早已渐行渐远，天启宗教者试图以伊甸园去追溯曾经的乐土，不想人类的发展如离弦之箭，一路走在了"祛魅"之路上，科学革命、工业革命、信息革命……

世界从不曾是静态的，人类至少到今天还没有能力阻止地球运转飞行所带来的诸多后果，所有自然现象并无好坏之分，自然灾害的说法充斥了人的出发点，伤及的是以人为核心的生物体系。自然灾害所破坏的原有秩序，必将是以景观破碎化为表征的，如果没有人为干扰，世界也必将是以再次建立一个新的暂时稳定的秩序为归宿，自然具有强大的自愈能力。但人类行为对于自然环境的扰动则是另外的故事，技能的提升导致生存成本不断降低，并向优选方向聚集，基于人类群体的发展也必然导致的对于自然资源的巨额掠取，城市化沿地表呈无限化扩张蔓延甚至闭合，景观破碎化所带来的负面馈赠越来越足以支撑人类对于自身行为的充分反省。如果人类的"永续"生存依赖于环境秩序的稳定或者可控，那么对于修复的哲思与技艺的需求也将会是刚性的，这也是笔者研究的意义所在。

笔者认为最好的打开未来景观修复方式的答案可能在未知领域中，如隐藏在人不易达的自然处女地中，在还尚不可及的遥远的宇宙星球中，其实更为切实的是在过去中，因为面对历史，我们人类还是始终保持如此不自知的未知，但我们还是要祝愿人类可以永续地球这个生物的理想家园，毕竟生活必须向前。

朱育帆教授

清华大学西王庄一语书舍

2021 年 3 月 7 日

前　言

我在群山环绕中成长，饮水于大自然。出生地江油市位于四川省松潘县境内岷山主峰雪宝顶下游，紧邻大熊猫国家公园以及九寨沟国家级风景区。2010年，我在青藏高原找到了第一份工作，负责改善拉萨周边旅游线路上的基础设施。在实地调研中，我去过很多贫瘠但壮美的村庄。有一天，在尼木县进行实地调查时，一位援藏干部欣喜地告诉我，他将在下个月退休，在西藏工作了15年后终于能够回到北京与家人相聚。他说道："今天我很高兴见到你们，我想向你们展示我援藏15年的成就。"然后我们一起开车进入高原荒野中。当我们经过一片小树林时，他哀叹道："看看这些牦牛！我已经反复告诉牧民们很多次了，在冬天，需要阻止牦牛进入这个林区吃草！"不久，在几乎没有路的情况下，我们的车终于开到了一座小山顶，一座小型的藏传佛教尼姑寺庙出现在眼前，这座寺庙被三位尼姑守候。这位援藏干部自豪地说："看看我自己设计建造

的这口井，解决了她们的饮用水问题。"与尼姑互道问候后，我们继续启程，抵达荒野深处的另两个寺庙，在那里我们看到了这位援藏干部修建的另两口井。最后，他让司机带我们去了一个静谧肥沃的小湿地。当他站在这片湿地旁时，他的表情变得有些羞愧和激动，他说："这种类型的湿地在高原上非常稀有珍贵，它的生态意义非常重要！我作为一位水利工程师，在过去的15年中，感到非常内疚，我只做了两件事：为三座寺庙修建了三口井；说服政府不要在这个湿地下游建造一座水电站。这片湿地的价值实在太重要了！"那一刻，我的人生计划被这位长者的陈述彻底改变。离开西藏后，我开始重新规划我的未来方向，决定能为环境做点事。我意识到全球正面临着越来越多的自然力量与人类驾驭自然的能力之间的对抗：资源被过度开发，城市过度扩张，自然灾害频繁，人道主义灾害频发。看似人类赢了，但对后代却是毁灭性的。这种以人类为中心的

观点把我们的未来带到了一个两难的境地，也许作为一名景观研究者，我了解景观修复、景观生态学的意义，能够做一些微小的、有意义的贡献。在开始这场漫长的研究之路时，我仍然感到困惑。有一天，我看到一个户外冒险节目，游客们跟随当地的导游去找龙窟，当一条地下河出现在他们面前时，游客慌张地询问导游："我们如何穿过这条地下河？"导游淡定地回答道："我们不需要穿过它，我们只需要跟随它顺流而下。"这个奇妙的答案激发起一些记忆：印度洋海啸中，沿海仍有珊瑚礁和红树林的地区受到的袭击要小得多。而摧毁红树林用于旅游和水产养殖发展的地区则遭到严重破坏。斯里兰卡的雅拉国家公园被汹涌的海啸袭击，但没有任何野生动物死亡的迹象。印度库达洛的沿海地区有数千人伤亡，但没有发现水牛、山羊或狗伤亡。突然间，我意识到大自然不需要人类做任何事，只需要信任它，跟随它去找到生命的初衷，这便形成了这本书的雏形：

（1）第1章，将通过碎片化的斑块、廊道、基质案例的解析，对全球当前严重破碎的景观格局状况进行洞察。

（2）第2章，将客观地介绍适用于不同地点、不同破碎化格局、不同破碎程度和干扰类型的修复案例。从众多案例中总结对景观修复普适的、特殊的应对法则：可修复回原状，也可修复成新的自然状态，或成为新的公共空间和艺术。然而这些修复案例都是正确的、及时的、能解决破碎化现状的吗？

（3）在最后一章，将探讨未来景观修复的一切可能，继续探索更科学和适当的方法来修复自然的自我复原力，也许打开未来景观修复的最好方式隐藏在自然的处女地景观、遥远的宇宙或尘封的历史中。

希望每一位读者持有一颗信任并跟随自然的心，翻开这本薄薄的书，开始一场自我对话的旅程。

本书的顺利出版依托于国家自然科学青年基金项目：川藏铁路（川西段）沿线自然保护区过渡区生态安全格局构建研究（51908470）以及西南交通大学建筑与设计学院出版支助计划的鼎力支助。感谢亲爱的家人与朋友给予我无穷的勇气和力量。特别感谢朱育帆教授书写的珍贵序言。感谢 Enric Batlle I Durany 教授、Luis Bravo 教授、Luis Libera 教授一直以来孜孜不倦地引导。感谢杜洁编辑、李玲洁编辑对本书不辞辛劳地完善。感谢杨飞凡同学为本书排版的辛勤付出。本书仅抛砖引玉，需要各界同仁一起推进景观修复在专业技术、环境监控以及艺术美学的深度和广度。书中有不足之处，望读者指正。

目　录

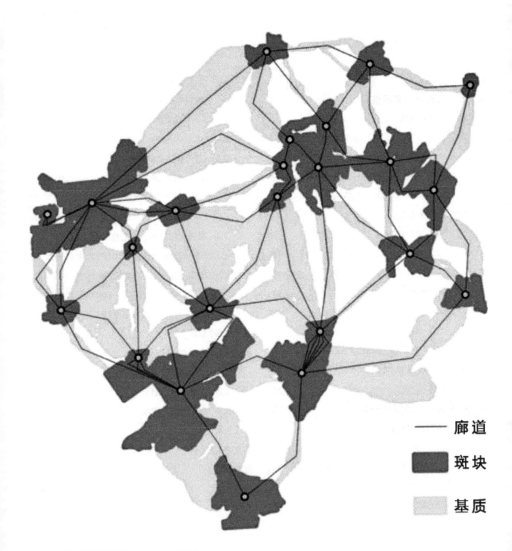

图1-1　景观格局解析图（Rudnicketal，2012）

——　廊道

▰　斑块

▨　基质

第 1 章　破碎化的景观格局

破碎化景观格局的定义

　　1900 年至今，全球正在遭受日益严峻的威胁：资源过度开发、城市极度扩张、自然灾害频发，以及人道主义迫害。这些威胁将导致更严重的环境退化、疾病猖獗和血腥的战争。景观，在这个历史节点处，可以成为保护人类生存环境和文化遗产的一种方式。生态系统、景观生态系统和栖息地物种之间存在着不可分割的关系，直接影响环境的状态。其中景观生态系统是以景观格局为支撑，包括斑块、廊道、基质，是衡量生态景观现状的重要标准。如果景观格局的任何部分遭到破坏，食物链就会断裂，引发能量循环断裂，直接会导致生态破碎化（图 1-1）。人类的污染与自然灾害导致景观连续性被破坏，生态系统脆弱化。破碎化的景观格局由破碎化斑块、破碎化廊道以及破碎化基质构成。

　　由于食物链的存在，植被和动物之间通过觅食行为形成纽带，因此植物及其养分不可分割，最终非生物变量的结合形成了景观。由此可以看到，整个生态系统及其物种实际上是以景观为连接体，并受非生物变量的影响，包括光、水、风、温度、地形等。例如，长颈鹿有长长的脖子，以更好地适应炎热和干燥的环境条件。因此，我们看到，当非生物变量受到人为干扰的破坏时，景观结构和生态系统就会支离破碎，直接导致景观连续性破碎化。

　　如果要探索景观修复的正确方法，首先需要在采取修复行动之前深入了解破碎化状态的现状。因此，在本章中，选择从破碎化斑块、廊道、基底角度出发，对景观破碎化格局的实际案例进行解析（图 1-2）。

　　景观连续性是促进生物及其基因流动的基础，其正面临着栖息地破碎化的严重威胁。许多修复工程侧重于保护和加强连续性，以填补生境退化和破碎对生物多样性保护的影响，并增强保护区应对气候变化潜在威胁的复原力。连续性的丧失会减少现有生境的面积与数量，对新生境的迁徙和季节性迁徙造成阻碍和破坏，对种群和物种造成有害的影响，包括承载能力下降、种群减少以及濒危物种灭绝[1]。

　　由于人为的干扰，生态系统变得脆弱，支离破碎的景观格局已经蔓延到世界各地。本章将重点解析一些典型的破碎化格局案例，其主要分布在美国、加拿大、巴西、中国、洪都拉

[1] Rudnick, D. A., Ryan, S. J., Beier, P., Cushman, S. A., Dieffenbach, F., Epps, C. W., ... & Merenlender, A. M. (2012). The role of landscape connectivity in planning and implementing conservation and restoration priorities.

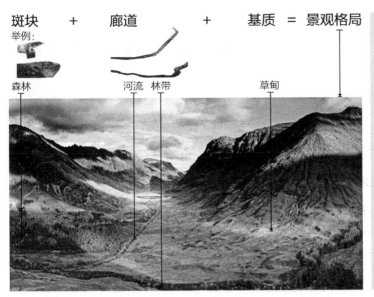

斑块 + 廊道 + 基质 = 景观格局

举例:

森林　　　　　　河流　林带　　　　　　草甸

图1-2　在山谷中景观格局的分布解构图

斯、苏门答腊、西班牙、肯尼亚、意大利、冰岛、法国、阿富汗、新西兰、尼加拉瓜、新加坡、日本、法罗群岛、印度洋、秘鲁、俄罗斯。这些案例被划分为三类：破碎化斑块案例、破碎化廊道案例和破碎化基底案例。读者需要从景观破碎化格局的视角出发，重新审视全球景观破碎化现状（图1-3）。

1.1　破碎化斑块

斑块的定义

大部分边界是线性的，比如缝隙、陶瓷锦砖、天空的云。但是，斑块通常嵌入在矩阵类格局中，即便在尺度、形状、类型和边界上发生变化，其作为非线性曲面区域与其周边环境产生了绝对的差异性。破碎化斑块在景观中大多为破碎化的植物和动物群落，以及物种类的斑块格局。然而有些破碎化的斑块格局可能以微生物或者无生命的状态存在，例如，岩石、土壤、人行道或建筑物的破碎化斑块。

从景观格局的角度出发，通过破碎化斑块的大小、形状、数量、频率，重新理解景观格局的破碎化。从破碎化斑块格局成因的角度，不难发现自然环境资源斑块格局减少，人为干扰形成的斑块格局增加。人类活动必然产生破碎化斑块的干扰，如森林中的山火，湿地中的养殖田，城市附近的垃圾填埋场，城市中的自然灾害、战争，以及露天煤矿等都是地球上广泛分布的斑块干扰因子。

在人类破坏和自然灾害的干扰下，某些破碎化斑块属于迅速消失的破碎化格局类型，如地震、雪崩、恐怖袭击，因此其具有高频率、持久性的破坏力，以及最短暂的生命力。然而，破碎化斑块也可能由于长期（或反复）干扰形成，这种干扰持续很长时间，例如，在资源过度开发、城市过度扩张的干扰下出现的斑块。如生活垃圾每天都在某个区域堆积（如一座未填埋的废弃矿坑）。这种情况下，修复过程将是持久性的[1]。在第 1 章中我们将了解到在不同干扰类型下的全球景观破碎化典型案例。

1.1.1　资源过度开采下的破碎化斑块

1. 太阳能开发干扰

美国伊万帕太阳能发电系统

　　伊万帕太阳能发电系统位于美国拉斯维加斯西南 64 公里的加利福尼亚州莫哈韦沙漠，是一个集中的太阳能发电厂，总容量为 392 兆瓦布设了 173500 个太阳能光伏板，该设施于 2014 年 2 月 13 日正式启用，是目前世界上最大的太阳能热电站。然而在 2010 年，该项目总容量缩减到原设计值即 440 兆瓦，以避免对沙漠龟栖息地的破坏（图 1-4）。

　　该发电厂位于州界上，邻近莫哈韦国家保护区、梅斯基特荒野区。由于该项目被批准在生态完好的沙漠栖息地上建造，也引起了极大的争议。为了防止陆地野生动物进入，该项目的建设场地被围合起来。然而经初步研究表明，该场地存在鸟类与太阳能镜面碰撞或被灼烧的风险。2012 年，美国国家公园保护协会（NPCA）发布了一份关于该项目的环评报告，

其中列举了其存在的水资源、野生动物视觉受损等问题。经该州生物学家统计，此项目一年可造成约 3500 只鸟类死亡，主要是在飞越太阳能装置时被烧死，那里的气温最高可达到 540℃[2]（图 1-5）。

2. 煤炭开采干扰

（1）美国宾厄姆峡谷铜矿场滑坡

　　2013 年 4 月 10 日晚上 21 点 30 分，该矿井发生山体滑坡。这是北美历史上最大的非火山喷发引发的滑坡，导致约 6500 万 ~ 7000 万立方米的泥土和岩石从矿坑的一侧垮塌。该矿场陡峭的矿坑坡度使其存在高风险的山体滑坡隐患，因此矿场内安装了雷达防御系统来监测矿场地表的稳定性。由于该预警系统提前一天发出警告，采矿作业已在滑坡发生前关闭，

图 1-4

图 1-5

图 1-4　伊万帕太阳能发电系统（Steve Marcus，2014）　　图 1-5　鸟类在飞越太阳能装置时被烧死（华尔街日报，2015）

① RICHARD,T. y Forman, M. (1986). Landscape Ecology. America: Wiley, p.87-94.

② Ivanpah Solar Power Facility. (July 22, 2013). Retrieved April 22, 2015 from Wikipedia, the free encyclopedia: https://en.wikipedia.org/wiki/Ivanpah_Solar_Power_Facility

未造成人员受伤。2013年9月11日，第二次滑轨导致100名工人撤离（图1-6、图1-7）。

（2）美国奥林匹克矿山

在西雅图以南约40英里（约64公里）处

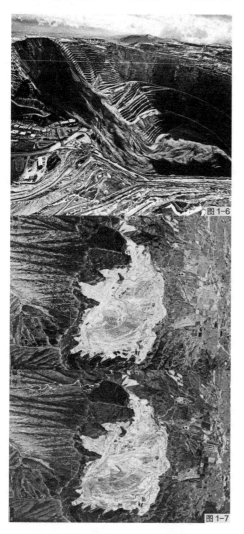

图1-6

图1-7

的950英亩土地可以俯瞰普吉特湾和奥林匹克山脉的水域，在20世纪初变成矿山，最终成为美国最大的砾石矿场。到20世纪70年代，该地区地下水污染严重，美国环境保护署要求皮尔斯县建造一座污水处理厂来清理该矿场。这座污水处理厂于1984年建成运营，为25万皮尔斯县居民提供服务（图1-8）。十年后，该矿场砾石矿产枯竭，矿主将土地出售（该破碎化地块已修复，具体情况请见P29）。

（3）美国弗兰博矿场

弗兰博矿场基岩深度从15英尺（约4.57米）到40英尺（约12.19米）不等，属于深度较浅的矿场。采出的材料包括：含硫量低于1%的冰川砂岩、风化基岩和低硫废岩。这些材料被储存在露天坑以北的一个40英亩（约16公顷）的露天场中。高硫废石和其他含硫量超过1%的材料能够产生酸性排水，储存在露天坑以南27英亩（约11公顷）的储备区。高硫储存区下敷设有塑料膜垫衬和浸出剂收集系统，从而防止受污染的水进入地下水系统，这些水被输送到废水处理设施中，经处理后在达到当地许可标准后排到弗兰博河。废水处理采用石灰中和、硫化物沉淀和过滤等主要处理技术（图1-9）（该破碎化地块已修复，具体情况请见P30）。

（4）中国上海辰山植物园矿坑花园

矿坑花园位于上海辰山植物园，占地4.26公顷。此矿坑近70米深，在20世纪初至20世纪80年代之间被开采破坏，形成东西方两个采石场，西边采石场形成了一个积水深坑。此工业遗址被废弃了近20年，植被覆盖少，土壤贫瘠，岩石风化，水土流失严重（图1-10）（该

图1-6　美国宾厄姆峡谷铜矿场滑坡（Ravell Call，2013）

图1-7　宾厄姆峡谷铜矿场滑坡前后卫星图对比
滑坡前，2011年10月；
滑坡后，2013年6月（NASA）

破碎化地块已修复，具体情况请见 P57）。

3. 农业干扰

（1）美国纳帕索诺玛沼泽

　　自 1849 年淘金热以来，旧金山湾湿地面积已经缩小了1/3，城市建设将湿地沼泽中的富营养泥土挖去后，填埋适合建造干草场、住宅甚至是机场跑道的新土。纳帕索诺玛沼泽隶属于美国加利福尼亚州旧金山湾北部的圣巴勃罗湾的北缘湿地。这片区域中有 11250 公顷的工业盐池亟待修复[①]。千亩沼泽的盐碱度显著增加可能导致堤坝决堤，高盐碱水排放将引发鱼类死亡。水控制结构的恶化直接导致未来修复、维护成本的增加[②]（图 1-11）（该破碎化地块已修复，具体情况见 P47）。

（2）洪都拉斯虾养殖场

　　虾养殖于20世纪70年代初引入洪都拉斯，该行业通过 20 年的巨大扩张，成为该国的主要产业。洪都拉斯成为拉丁美洲虾的主要出口国。为了建立虾养殖场，沿海三角洲从红树林沼泽转变为大型养殖田（图 1-12）。Landsat 卫星图显示了 1987～1999 年，天然红树林沼泽转变为洪都拉斯太平洋沿岸虾养殖场的范围示意。虾养殖场呈一排排矩形分布（图 1-12）。

　　虽然虾养殖为拉丁美洲发展中国家提供了经济发展渠道，但该行业却造成了环境和社会问题。红树林的破坏使水质降低，鱼类栖息地缩减，内陆洪水风险增加。养殖场中加入的营养肥料和抗生素残留物必然污染周围环境。此外，该行业严重依赖捕获野生虾作为幼苗培育，在海湾捕捞野生虾对其他渔业造成严重影响，

（脚注）
① Massive new wetlands restoration reshapes San Francisco Bay. (August 29, 2013). Retrieved April 22, 2015 from The mercury news: http://www.mercurynews.com/ci_23977411/massive-new-wetlands-restoration-reshapes-san-francisco-bay

② Takekawa, J. Y, Miles, A. K., Schoellhamer, D. H., Martinelli, G. M., Saiki, M. K., & Duffy, W. G. (2000). Science support for wetland restoration in the Napa-Sonoma salt ponds, San Francisco Bay estuary, 2000 Progress Report. Unpubl. Prog. Rep., US Geological Survey, Davis and Vallejo, CA.

图 1-8　目前钱伯斯湾高尔夫球场就建造在此砾石矿场遗址上，超过 1.65 亿吨的石材与大量木材从皮尔斯县斯蒂拉库姆遗址挖出（皮尔斯县政府，1940）
图 1-9　弗拉姆博矿场：左图为开采前，1991 年；右图为开采中，1996 年（(Kuter，2013）
图 1-10　辰山植物园矿坑花园（一语景观，2006）
图 1-11　纳帕索诺玛沼泽卫星图（NASA，2003）

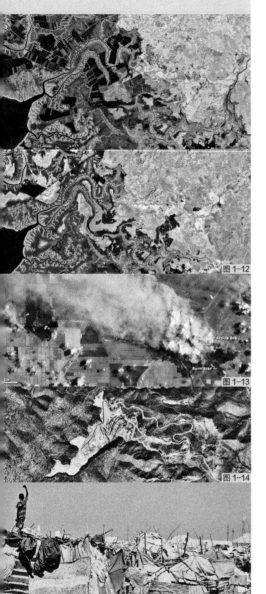

因为被渔网拉起的其他鱼类会被丢弃[①]。

（3）燃烧的苏门答腊低地森林

2015 年 9 月 5 日，Landsat 8 号卫星上的陆地成像仪获得了这张印度尼西亚苏门答腊岛詹比（Jambi）省火灾中滚滚浓烟的图像（图 1-13）。裸露的土壤或较早的燃烧痕迹是较浅的阴影。火灾是种植者故意点燃的农业火灾，根据全球森林土地利用地图显示，大火曾在棕榈油种植园内燃烧。棕榈油产量高、利润高，而印度尼西亚是该商品在世界上最大的生产国。

婆罗洲和南苏门答腊的低地森林火灾属于常态，是每年一次的人为事件，利用火来管理农田，包括大型棕榈树种植园。这些火灾很容易失去控制。2015 年是厄尔尼诺年，印度尼西亚的降雨量低于平均降雨量，从而造成严重干旱，沼泽干燥使得土壤以泥炭的形式留下了丰富的火燃料，因此无论是人为的还是意外的火灾，都会迅速失去控制。当泥炭干燥时，是相当易燃的。燃烧的泥炭也会产生大量的浓密烟雾。这些火灾产生的浓烟助长了全世界的温室气体排放。

1.1.2　城市过度扩张下的破碎化斑块

1. 垃圾填埋场的干扰

西班牙加拉夫垃圾填埋场

1972 年，巴塞罗那市议会公开招标，以建设加拉夫垃圾填埋场。基础工程于 1973 年年底开始。加拉夫垃圾填埋场的第一批垃圾

图 1-12　洪都拉斯丰塞卡湾卫星图上图（1999），下图（1987）。阴影显示植被，包括从沼泽地的深绿色到森林山坡上（NASA）
图 1-13　Landsat 8 号卫星上的陆地成像仪获得 2015 年 9 月 23 日苏门答腊岛詹比省低树森林燃烧区域图像（NASA）

图 1-14　加拉夫垃圾填埋场（NASA，2000）
图 1-15　马萨雷博萨索贫民窟（Daily Mail，2014）

① United Nations Environment Programme. (2005). One Planet, Many People: Atlas of Our Changing Environment.

于 1974 年接收。从 1974 ～ 2006 年，加拉夫垃圾填埋场在 32 年内累计处理的生活垃圾量为 2667.6 万吨，堆积物已深达 80 米[①]（图 1-14）（该破碎化地块已修复，具体情况请见 P38）。

2. 无序社区的干扰

（1）肯尼亚马萨雷

马萨雷是肯尼亚内罗毕贫民窟的核心区域，人口约 50 万人，仅马萨雷谷（Mathare Valley）的人口就只有 18 万人，是构成马萨雷贫民窟中最古老的区域（图 1-15）。2006 年，马萨雷区域因敌对帮派间的暴力斗争而受损，导致数百所房屋被烧毁。在 2007 年 12 月又烧毁了 100 多所房屋[②]。

（2）中国色达

色达县位于中国四川省，海拔约 4100 米。是世界上最大的藏传佛教研究所——拉隆加佛学院所在地。由于此区域大部分房屋材质是木材，存在火灾危险。2014 年 1 月 10 日晚，色达发生火灾，烧毁了十几座建筑。此外，当地房屋密度高、年久失修，存在着严重的生活污水排放问题（图 1-16）。

（3）西班牙巴塞罗那罗维拉山

西班牙国家内战时期，巴塞罗那是第一个遭受大规模"饱和式轰炸"的欧洲大城市，在残酷的战争轰炸里，城市被用作检验现代民用和军事建筑抗爆能力的试验地。与此同时，西班牙政府通过建造城市居民避难地和修筑防空炮台来提升城市的防卫功能。那罗维拉山就是当时建成的最早一批防空炮台之一，于 1938 年

3 月 3 日投入使用。这是一座建造在巴塞罗那主城区最高山顶（海拔为 262 米）之上的非常传统的军事结构体，整个建筑群颇具规模，它由 7 个圆形的平台、1 个指挥所、1 座兵营和 2 个矩形平面附属建筑构成。西班牙军队从巴塞罗那撤退以后，这些军事炮台建筑群就都被遗弃了。外来移民首先占用了这片遗弃的炮台场地，他们在场地上重新建造了棚屋，被本地人称为"炮台住区"，并且容纳了将近 110 所简易棚屋和 600 位居民。当然，为了在炮台军事建筑群上建造棚屋，居民们必须采用非常规的改建手段来调整和适应新的居住功能（比如重设住宅的出入通道、铺设具有生活趣味的马赛克地砖、增设隔墙、生活排污管道等）[③]（图 1-17）。

由于 1992 年巴塞罗那奥运会的举办，使得此棚户区被拆除，往日的瓷砖地板、楼梯碎片和砖石墙残片遗留在现场。接下来的 20 年里，在山顶这片"历史碎片"之上堆积了成片的灌木、倾倒的垃圾和涂鸦，所有的一切面对着地中海[④]（该破碎化地块已修复，具体情况见 P32）。

图 1-16　色达（晟涂苟，2016）

① Jose Cuervo.(2007). El deposit controlat de la Vall d'en Joan. Spain: GG.

② Mathare. (July 6, 2006). Retrieved April 22, 2015 from Wikipedia, the free encyclopedia.

③ 伊玛·汉萨纳，吴焕，钱丽源. 巴塞罗那城市防空炮台基地修复[J]. 城市环境设计，2016（03）：369-375.

④ Arrangement of the summit of the Turó de la Rovira hill. (April 6, 2011). Retrieved April 22, 2015 from Public space: http://www.publicspace.org/en/works/g320-arranjament-dels-cims-del-turo-de-la-rovira/prize:2012

图1-17　那罗维拉山炮台（Publicspace，1937）

图1-18　洛杉矶渡槽放水，有40000人出席（Frank Bush Davison，1913）

1.1.3　自然灾害下的破碎化斑块

1. 干旱的干扰

美国欧文斯湖

　　这个特殊湖泊并未因加利福尼亚州有史以来最干旱的气候而消失。欧文斯湖在1913~1924年间曾被排干，1913年是洛杉矶渡槽运营的第一年，这是一项绵延233英里（约375公里）的水利工程，它将干旱的圣费尔南多谷变成了橘子树林（图1-18）。

　　欧文斯湖湖床位于内华达山脉西部和东边的伊尼洋山脉之间，横跨110平方英里（约285平方公里）。与欧文斯湖相邻的盆地和山脉数千年来一直干燥，与之不同的是欧文斯湖的蓄水量较大，直到1913年，欧文斯湖的大部分水被改道至洛杉矶渡槽，导致欧文斯湖在1926年干涸。该州创纪录的干旱气候使得湖床暴露，空气质量、野生动物和农作物处于危机之中，这对需要潮湿栖息地的候鸟来说，是灾难性的时刻[1]。湖泊的萎缩必将形成沙尘暴，蒸发的水留下的高盐度使得鱼类难以茁壮成长[2]。虽然今天，一些河流的水量已经恢复，湖中蓄有少量的水。然而无法避免的是，它于2013年成为美国最大的单一粉尘污染源[3]。

2. 地震干扰

（1）中国四川5·12大地震

　　2008年5月12日，四川发生大地震，震级为8.0级，造成近10万人死亡、失踪。这是自1976年唐山大地震以来中国发生的伤亡最惨重的地震。其中北川老镇受地震影响最大（图1-19）。

（2）意大利贝利斯地震

　　1968年1月14日~15日贝利斯地震发生在西西里岛，造成至少231人死亡，超过400人失踪，约632~1000人受伤，10万人无家可归[4]（图1-20）（该破碎化地块已修复，具体情况见P55）。

3. 雪崩干扰

（1）挪威朗宁比恩雪崩

　　2015年12月19日上午11点46分，雪崩

① ere Chinatown Began. (October 1st, 2015). Retrieved April 22, 2016 from Vogue: http://www.vogue.com/projects/13353964/california-drought-owens-lake/

② dma Nagappan. (Nov 8, 2014). Retrieved April 22, 2016 from Takepart: http://www.takepart.com/article/2014/11/06/california-farmers-are-saving-water-and-thats-bad-wildlife

③ wens_Lake. (June 6, 2013). Retrieved April 22, 2016 from Wikipedia, the free encyclopedia: https://en.wikipedia.org/wiki/Owens_Lake

④ 1968 Belice earthquake. (Aril 14, 2015). Retrieved April 22, 2016 from Wikipedia: https://en.wikipedia.org/wiki/1968_Belice_earthquake

图 1-19　大地震后的北川城（孙亮，2008）

图 1-20　贝利斯地震，1968.

图 1-21　朗宁比恩雪崩后的救援（dpa，2015）

从苏克托彭山坠落到斯瓦尔巴群岛的主要聚落——朗宁比恩，全球基因库斯瓦尔巴德全球种子库（SGSV）位于此，其隧道入口被掩埋。

（2）冰岛苏达维克雪崩

1995 年 1 月 16 日早上，苏达维克发生雪崩，14 人死亡，其中有 8 名儿童。此次雪崩是自 1919 年以来冰岛最具破坏性的雪崩，与景观相关联的地形地貌和植被对减缓雪崩的破坏，没有发挥任何作用。1995 年 10 月，雪崩再次袭击该村，摧毁了 29 所房屋，造成 20 人死亡[1]（图 1-21）（该破碎化地块已修复，具体情况见 P35）。

1.1.4　人道主义破坏下的破碎化斑块

1. 恐怖袭击干扰

（1）法国巴黎恐怖袭击

2015 年 11 月 13 日晚，法国巴黎及其北郊的圣丹尼斯发生了一系列有预谋的恐怖袭击，包括大规模枪击、自杀式爆炸和劫持人质。巴黎市中心发生了 6 起大规模枪击事件，法国大街附近分别发生了 3 起自杀式爆炸。最致命的袭击发生在巴塔克兰剧院，袭击者劫持人质并与警察对峙。129 名受害者被杀害，其中 89 人死于巴塔克兰剧院袭击。另有 415 人因在袭击中受伤而入院，其中重伤 80 人[2]（图 1-22）。

（2）美国 9·11 恐怖袭击

"9·11"袭击是伊斯兰恐怖组织于 2001 年 9 月 11 日上午对美国发动的四起有预谋的恐怖袭击。这种自杀恐怖袭击摧毁了美国的地标性建筑。四架客机全部从美国东海岸飞往加利福尼亚的机场方向，被 19 名基地组织恐怖分子劫持，然后撞向建筑物。其中前两架飞机分别撞向纽约世贸中心大楼的南北塔楼，在 1 小时 42 分钟内，两座 110 层高的塔楼倒塌，碎片和由此引发的火灾导致世贸中心建筑群中的其他建筑物部分或全部倒塌，同时造成周边 10 个大型建筑严重损坏。第三架飞机坠毁在弗吉尼亚州阿灵顿县的五角大楼（美国国防部总部），导致五角大楼西侧部分坍塌。第

[1] Flateyri. (August 14, 1999). Retrieved April 22, 2016 from Wikipedia: https://en.wikipedia.org/wiki/Flateyri

[2] November 2015 Paris attacks. (Nov 14, 2015). Retrieved April 22, 2016 from Wikipedia: https://en.wikipedia.org/wiki/November_2015_Paris_attacks

四架飞机在乘客的舍身搏斗后，坠毁在宾夕法尼亚州尚克斯斯维尔附近的一块田地里。这些袭击总共夺去了 2996 人的生命（包括 19 名劫机者），并造成至少 100 亿美元的破坏。这也是美国历史上消防队员和执法人员伤亡最惨重的事件，分别有 343 人和 72 人死亡[①]（图1-23）（该破碎化地块已修复，具体情况请见 P42）。

2. 战争干扰

阿富汗巴米扬大佛被炸毁

巴米扬大佛建于公元 6 世纪，当时该地区是佛教徒朝圣和学习的场所。巴米扬位于丝绸之路上，这条丝绸之路穿过位于巴米扬山谷的兴都库什山区。丝绸之路历来是连接中国与西方世界的贸易路线。它是宗教、哲学和艺术蓬勃发展的中心。寺院的僧侣们生活在巴米扬悬崖边的小洞穴里。这些僧侣大多用精致的、色彩鲜艳的壁画装饰洞穴。从 2 世纪到 7 世纪后期属于伊斯兰入侵时期，到 9 世纪被穆斯林萨法里德人完全征服。两尊最突出的雕像是巨大的立佛瓦罗卡纳和萨迦穆尼，高度分别为 53

米、35 米（图1-24）。两尊佛像都是在砂岩悬崖上雕刻而成的，并一度被涂上金色。这些佛像躲过了从伊斯兰进入该地区的军队，但在21 世纪的第一年即 2001 年 3 月，依然惨遭塔利班武装组织的摧毁[②]（图1-25）（该破碎化地块已修复，具体情况请见 P42）。

1.2 破碎化廊道

廊道的定义

廊道对景观生态格局的连续性影响很大，廊道有三个基本结构：线性廊道、带状廊道和河流廊道。其存在于每一处景观中，运输和保护着自然资源与美学。原始自然廊道多是与周围基质有差异性的植被带，它们控制着水源和矿物质营养的输送途径，以减少洪水、淤积和土壤肥力的损失[③]。在城市中，水泥路面、单一植物破坏了溢洪道上的水土渗水能力，形成了城区破碎化的廊道。然而大部分破碎化的廊道分布在自然区域，动物和自然环境成为最大的受害者。如大坝、铁路、狩猎等破坏了河道、

图 1-22 巴黎恐怖袭击发生点（BBC，2015）

图 1-23 飞机撞向世贸中心大楼（Eyes open report，2001）

① September 11 attacks. (Nov 9, 2001). Retrieved April 22, 2016 from Wikipedia: https://en.wikipedia.org/wiki/September_11_attacks

② The Buddhas of Bamiyan. (March 3, 2001). Retrieved April 22, 2016 from BBC: http://www.bbc.co.uk/programmes/p03khlwf

③ RICHARD,T. y Forman, M. (1986). Landscape Ecology. America: Wiley, p.131.

森林、动物迁徙廊道。人为干扰如农耕、放牧、修建电力线路、天然气管道、铁路、公路、伐木和运河破坏了廊道的结构。之后，人类又沿着这些被破坏的区域重新种植植被，最后形成再生走廊，其土壤（养分）流失速度较快，使构建环境资源廊道更加遥远。典型案例将在资源过度开发、城市过度扩张、自然灾害频发、人道主义破坏等干扰下，呈现不同类型的破碎化廊道。

1.2.1　资源过度开采下的破碎化廊道

水坝的干扰

　　水坝是世界景观中不朽的存在，通过围湖造坝，分流管控着各大河流。水坝把沙漠变成了果园，满足数百万都市居民的需求，但水坝也阻止了鲑鱼产卵，淹没了森林和田地，产生流离失所的人口，坟墓被要求移位。如今水坝在世界景观中是一个被诋毁的存在，它确实破坏了动物栖息地、侵占了本土土地、为土地投机者提供暴力收入。美国胡佛水坝就是典型的案例（图 1-26）。

（1）中国岷江干旱河谷梯级水电站

　　长江上游区域被定为世界十大生物多样性中心，是植被和动物的天然屏障和水源。近 20 年来，许多梯级水电站在岷江沿岸无序建设，山体被大量开挖，失去天然的蓄水能力，造成严重的山蚀、泥石流和干旱。这些灾害发生在此地区，因其生态敏感性，灾害的影响将被放大。此外，岷江被 20 多个梯级水电站切断，水生动植物的繁殖环境遭到严重破坏。岷江生态系统和水生动物迁徙廊道破碎，干旱河谷廊道的形成成为必然。

（2）巴西萨马科大坝决堤

　　2015 年 11 月 5 日，巴西东南部的两座水坝坍塌，导致 6000 万立方米的矿污泥流入本托·罗德里格斯村，泥泞的洪水摧毁了数百所房屋，据美国广播公司新闻网报道，救援人员找到 9 人遗体，仍有 19 人失踪。

　　据路透社报道，在距大坝约 80 公里的巴拉隆加村，河水暴涨了 15 米，淹没了房屋。当地卫生官员对河水进行了测试，下游 300 公里以内的城市失去了安全的饮用水[1]（图 1-27）。

图 1-24　各大立佛在巴米扬相关书籍中的编号和字母系统图（布奇奇古曲 Les Antiqués Bouddhiques de Bamiyan，1928 年）

图 1-25　塔利班武装组织炸毁了巴米扬大佛（CNN，2001）

[1] Flooding in Brazil After Dam Breach(November 5, 2015). Retrieved April 22, 2016 from NASA:http://earthobservatory.NASA.gov/NaturalHazards/view.php?id=86990

17 天后，2015 年 11 月 30 日，卫星 Landsat8 上的作业陆地成像仪（OLI）拍摄到污水流入海洋。受污染的水含有高浓度的汞、砷、铬和锰①。

1.2.2 城市过度扩张下的破碎化廊道

1. 铁路的干扰

（1）青藏铁路

青藏铁路是连接青海省西宁市和西藏自治区拉萨市的一条高海拔铁路。这条铁路海拔最高的车站是唐古拉火车站，海拔 5068 米，也是世界上（海拔）最高的火车站。铁路的建设对青藏高原原始的高海拔环境产生了影响：持续增长的游客数量加重了当地野生动物和植物的生态承载压力。虽然铁路沿线已经为野生动物迁徙修建了 33 个地下通道，但野生动物能否适应新的迁徙走廊仍需评估②（图 1-28）。

（2）美国西线

西区线，也被称为西区货运线，是位于纽约市曼哈顿区西侧的一条铁路线。在宾夕法尼亚车站以北。然而，货运列车与其他交通之间事故频发，以至于第十大道被称为"死亡大道"③（图 1-29）。自 1980 年以来，西线上有 2.33 公里被废弃，也就是高线公园原址（该破碎化地块已修复，具体情况请见 P40）。

2. 高速公路的干扰

（1）西班牙特里尼塔维拉高速公路

西班牙巴塞罗那地处平原。这个大平原过渡到大海与科塞罗拉山脉下。随着城市的发展，通往城市的公路扩张到城市与自然的边界，已成为几十年来的一个主要问题。没有缓冲区域来解决基础设施建设所产生的环境问题。20 世纪 80 年代，特里尼塔特维拉区域迎来了其他地区的大批移民。根据社会经济指标显示，特里尼塔特维拉区域 33% 的人口是移民，主要来自伊斯兰共和国、巴基斯坦、摩洛哥和厄瓜多尔④。1897 年以前，特里尼塔特是一个人口稀少的农村，可追溯到 1920 年，在这一年，此区域开始城市化。几年后，道路新建、扩建政策把此区域分成两个街区。直到 1983 年，地铁 L1 号线与城市连接，在 1992 年巴塞罗那奥运会期间，公路和铁路轨道的建设使街区四分五裂，这里成为当时巴塞罗那最混乱的地区之一（图 1-30）（该破碎化地块已修复，具体情况请见 P46）。

（2）加拿大国家公园内的高速公路

国家公园内的高速公路上时有野生动物死伤，但悲剧是可以避免和预防的，比如某些国家交通和自然资源机构正在探索保障司机和野生动物在高速公路上更安全的解决途径。虽然一些方案是可行的，但我们真正需要的是政府和社会的自然意识。其中行之有效的解决方案之一是建立野生动物穿越设施。众所周知，在交通走廊的关键地点提供交叉基础设施，可以改善并重新连接生境，保障野生动物的安全迁徙⑤（图 1-31）（该破碎化地块已修复，具体情况请见 P41）。

① Contaminated Rio Doce Water Flows into the Atlantic (November 5, 2015). Retrieved April 22, 2016 from NASA: http://www.earthobservatory.NASA.gov/NaturalHazards/view.php?id=87083

② Baofa, Y., Huyin, H., Yili, Z., Le, Z., & Wanhong, W. (2006). Influence of the Qinghai-Tibetan railway and highway on the activities of wild animals. Acta Ecologica Sinica, 26(12), 3917-3923.

③ High Line (New York City)(August 6, 2015). Retrieved April 22, 2016 from Wikipedia

④ Orendain Almada, F. (2014). El Parc de La Trinitat: La Puerta Norte de Barcelona. Retrieved April 22, 2016 from Dspace

⑤ WHY ARE ANIMALS DYING ON OUR ROADS. (Nov 9, 2014). Retrieved April 22, 2016 from Arc: http://arc-solutions.org/new-thinking/

图 1-26　胡佛水坝上建造的新桥和高速公路（Doc Searls，2012）

图 1-27　萨马科大坝在 2015 年 11 月灾难性溃坝后现场图片（Ricardo Moraes Reuter，2015）

图 1-28　青藏铁路沿线（Reurink, J, 2008）

图 1-29　西线上的贝尔实验室，现在是韦斯特贝斯艺术家住房（Oxford Properties，1934）

图 1-30　在特里尼塔特区的菜市场、电影院、学校、地铁和高速公路建设

图 1-31　与科罗拉多州附近的 I-70 高速上每年都会发生令人不安的熊被撞事故（Shane Macomber，2012）

图1-32 科布德格雷乌斯海角上地中海俱乐部建造前后卫星地图对比，上图建造前，1956，下图建造后，2008（NASA）

图1-33 奥龙戈湾牡蛎养殖场（Teara.Govt，1978）

3. 滨海旅游干扰

（1）西班牙地中海俱乐部

西班牙地中海俱乐部位于西班牙国际旅游城市巴塞罗那60公里外的全球十大黄金海岸上。海岸线长256公里，由大大小小数百个海湾连接而成。第二次世界大战过后，19世纪50年代，勇猛海岸被西班牙政府和当地企业家定位为欧洲游客的度假胜地。其绝佳的夏季（凉爽）气候、优良的自然海滩和性价比极高的汇率使勇猛海岸成为极具吸引力的旅游目的地，在沿岸的渔村建造了大量的度假村、酒店和公寓。渔业被旅游业迅速取代，成为勇猛海岸地区的主要经济支柱。在该发展进程中，1961年，地中海俱乐部（Club Med）在此建造了一座私人度假村，该项目被公认为是地中海沿岸现代运动中环境破坏最为严重的案例之一。位于勇猛海岸上的卡达克斯渔村郊外的科布德格雷乌斯海角（Cap de Creus），是地中海沿岸受强风侵蚀最严重的海角之一。格雷乌斯海角拥有430栋建筑，每年在夏季6~8月接待约900名游客（图1-32）（该破碎化地块已修复，具体情况请见P42）。

（2）新西兰奥龙戈湾

政府经营的奥龙戈湾牡蛎养殖场使海洋养殖业焕发了活力，一半以上的牡蛎产量是由北部的海洋养殖场生产的[1]（图1-33）。13世纪前，奥龙戈湾是一片郁郁葱葱的温带雨林，有丰富的鸟类、两栖动物和无脊椎动物。人类到达后，其生态系统如新西兰大部分地区一样受到攻击。早期的毛利族定居者砍伐了大部分森

[1] Orange, C. (2002). Northland region. the Encyclopedia of New Zealand. Retrieved April 22, 2016 from: http://www.teara.govt.nz/en/northland-region/page-10

林，用于住所和农业。后来英国殖民者的到来，使森林进一步被毁坏，同时引进老鼠、猫、黄鼠狼、兔子等其他外来哺乳动物，这些哺乳动物使本地鸟类和两栖动物种群灭绝（该破碎化地块已修复，具体情况请见 P42）。

（3）西班牙巴伦西亚海湾的阿尔布费滨海区

　　西班牙巴伦西亚湾的海岸线长 11 公里，由一条带状的沙滩和泻湖围合而成。1960 年，佛朗哥时代的旅游发展规划提出将对此海湾进行海滩开发，规划了超过 100 万平方米的滨海酒店用地。1962 年，巴伦西亚市议会批准起草《萨勒发展规划》，其中批复了一批土地移交给旅游局，用于建造酒店和高尔夫球场。1967 年，巴伦西亚市政府批准了《萨勒发展规划》，并启动了城市化进程[1]。1971 年，巴伦西亚市议会将 63 公顷土地授予一家私营公司经营赛马场。这些项目均集中在巴伦西亚海湾的阿尔布费地区（Albufera）。这些开发项目位于濒危的布哈伊拉生态系统（Buhâira eco-system），对这个古老的生态系统造成了毁灭性破坏。特别是过度开发对海滩造成了严重侵蚀，这条带状的沙质海岸在开发前分布着很多天然沙丘，这些沙丘带阻止了海滩后方灌木和树林的沙化扩张。由于大规模的开发，海滩开始缩小，沙丘被夷为平地，湿地沼泽被践踏，松林得不到保护且正在迅速萎缩，天际线也被破坏了[2]。新的沙子无法在海滩上留存，使作为屏障的海滩对于后方和周边的保护作用被削弱，抵抗风暴的能力锐减。这是一个非常严重的错误开发计划[3]（图 1-34）。

图 1-34　在阿尔布费区海滩过度开发后的空置别墅群（Elconfidencial，1977）

图 1-35　尼加拉瓜运河规划平面图（Library of Congress Geography and Map Division Washington，1870）

图 1-36　尼加拉瓜运河上的运输船只（Costos，2010）

① TORTOSA P. Sueca: paisatge, cultura i medi ambient[J]. 2011,96:69-71

② Fernández de la Reguera March A. Ordenación del frente litoral de la Albufera: sector Dehesa de El Saler, Valencia[J]. 2002, 76.

③ de la Reguera, A. F. (2001). Ordenación del frente litoral de la Albufera sector Dehesa del Saler, Valencia. Via arquitectura, (10), 76.

4. 运河干扰

（1）尼加拉瓜运河

尼加拉瓜运河的建造将造成数以百计的村庄被迫撤离，土著居民也将搬迁。运河沿线的考古遗址必然处于危险之中。尼加拉瓜运河太平洋沿岸的港口基础设施将威胁到红树林沼泽和海龟筑巢海滩[①]。研究人员担心，每天 25 艘大型船只的过境，燃料的泄漏将损害水质，对栖息在尼加拉瓜西南太平洋沿岸的动物栖息地产生影响（图 1-35，图 1-36）。

（2）斯里兰卡和新加坡之间的远洋航道

基于 2005 ~ 2012 年获得的 OMI 测量值。NO_2 信号轨迹在斯里兰卡和新加坡之间的印度洋航道中最为突出，从新加坡到中国的航线也达到较高水平。这些航道并非是世界上唯一繁忙的航道，然而因为此航道的狭窄，使得 NO_2 信号轨迹最为明显[②]。

5. 捕猎的干扰

许多动物的捕猎季节与迁徙季节是重合的，这对动物产生了威胁，非法狩猎和偷猎更是极大的威胁。

（1）日本捕鲸

即使日本面临着国际上要求停止捕鲸作业的压力，但日本捕鲸船队仍然每年启航前往南极。捕鲸船队包括 1 艘母船、另外 3 艘船以及 160 名船员，计划在未来 12 年内每年在南极捕杀 333 头小须鲸[③]。日本渔业机构表示，尽管联合国法院裁定捕鲸是利用科研做伪装的商业行为，但其科学性没有获得证明（图 1-37）。

（2）法罗群岛捕鲸

法罗群岛每年仍然进行捕鲸活动，因为当地市民认为这是传统文化的一个重要组成部分。

1.2.3 自然灾害下的破碎化廊道

1. 气候变化对迁徙的干扰

动物高海拔迁徙是从低海拔地区向高海拔地区的短距离迁移。它通常被认为是在气候和粮食供应发生变化以及人为影响的情况下越来

① Huete-Perez, J. A., Meyer, A., & Alvarez, P. J. (2015). Rethink the Nicaragua canal. Science, 347(6220), 355-355.
② deRuyter de Wildt, M., H. Eskes, and K. F. Boersma (2012, Jan. 5) The global economic cycle and satellite-derived NO2 trends over shipping lanes. Geophysical Research Letters.

③ Japan's whaling fleets steam out to fight Western culinary imperialism. (Dec5,2015). Retrieved April22,2016 from The economist.

图 1-37　日本捕鲸船队正在南极捕鲸（Alamy，2015）（NASA，2012）

图 1-38　冰川国家公园威尔伯山前的大角羊（Kim Keating，2009）

越频繁地发生。这些迁徙可能发生在动物的生殖和非生殖季节。类特性鸟类迁徙很常见，在其他脊椎动物和无脊椎动物中也可以看到。气候变化可能导致迁徙行为提前，这意味着迁徙物种可能离开低海拔地区到高海拔地区繁殖，而那些繁殖地仍然缺乏必要的资源储备。一些迁徙路径较短的物种能够返回低海拔地区等待，但仍存在低海拔地区资源耗尽的风险，例如食物和覆盖物。此外，气候变化可能导致季节性风暴和降雨发生，因此资源供应量的变化被认为是导致高原迁徙的一个驱动因素[1]。气候变化引起的物种向高海拔地区迁徙也存在导致山顶生物灭绝和低海拔地区生物数量骤减的可能性。如大角羊在高山之间迁徙，山谷在冬季食物较多，它们与捕食者都更安全。但由于气候变暖，高山上的雪减少，大角羊不得不改变其迁徙方式（图1-38）。同样，据秘鲁马德尔研究所 IMARPE 称，导致海狮和海豚死亡的直接原因是饥饿，间接是由厄尔尼诺现象造成的。

2. 海啸的干扰

2004 印度洋海啸

2004 年 12 月 26 日，印度洋发生致命海啸。将泰国西部海岸线与普吉岛以北约 50 公里的攀牙省进行了 ASTER 图像对比。2004 年 12 月 31 日，在海浪冲上岸 5 天后，海岸线的大部分区域是灰色的，植被或者被摧毁，或者被泥沙覆盖。在 2004 年毁灭性的印度洋海啸中，全球共有超过 20 万人丧生[2]。一些沿海社区由于受到红树林的保护免遭海啸破坏，促使今后加强对红树林的保护和恢复。

1.3 破碎化基质

基质的定义

基质是涉域最广的景观格局类型。基质将景观格局类型紧密地连接起来，在景观功能（即能量、材料和物种的流动）中起着主导作用[3]。不同专业领域对于基质的定义是不同的。基质主要表现为两个特征，一是可流动性，二是通用性。可流动性体现在最广泛的景观格局通常控制着景观中的能量流动。例如，沙漠基质的热量摧毁村庄和农田；石油和核能泄漏到海洋、空气中。通用性体现在如果一种类型的景观格局覆盖了 50% 以上的区域，则其很可能是基质。即便如此，景观格局中基质在空间中的不均匀分布是科学的事实，如雾或光或洪水吞没城市，以及战争或雪崩破坏城市。

基质的连续性会产生若干效应：

（1）基质格局可以充当分隔其他格局的物理屏障。因此，防风或防火可能是两个景观基质之间有效的物理、化学和生物屏障。

（2）当基质间以连接交叉的形式存在时，该格局可作为一系列促进物种间迁徙和基因交换的走廊。在流通理论和运动地理学中，该走廊的运动空间便是基质。一种景观格局甚至可以包围其他种类的景观格局，以创建孤立的生物"孤岛"。

然而，资源过度开发、城市过度扩张、自然灾害频发、人道主义破坏等使基质的连通性破碎化。在以上干扰下，基质失去了连续性的效应特征，形成破碎化基质。以下案例解析让

---

[1] Altitudinal migration. (2014). Retrieved April 22, 2016 from Wikipedia.

[2] Tsunami Damage in Thailand. (January 16, 2005). Retrieved April 22, 2016 from NASA: http://earthobservatory.NASA.gov/IOTD/view.php?id=5168

[3] RICHARD,T. y Forman, M. (1986). Landscape Ecology. America: Wiley, p.159.

图 1-39

图 1-40

图 1-41

图1-39　2010年5月17日，当美国宇航局 Terra 卫星上的成像光谱仪（MODIS）获得这张事故现场卫星图，可见一条长长的"油带"伸向东南方向（NASA）

图1-40　水力压裂地下系统解析图（MEGAN CAPONETTO、TOM SCHIERLITZ，2010）

图1-41　2011年7月9日，黄石河受灾地区中的加拿大居民区域（David Rouse）

我们更深入地了解当前的破碎化基质现状。

1.3.1　资源过度开采下的破碎化基质

1. 海洋污染干扰

　　海洋污染包括许多情形，其中最大的污染源直接来自陆地，如石油、塑料、肥料、核反应堆、化粪池、农场、机动车辆等，均是大量放射性污染物的根源。

2. 墨西哥湾石油泄漏

　　石油泄漏是海洋恶化的最大原因之一，其危害性远远大于垃圾和污染物。石油泄漏使海洋生物窒息死亡，从根本上改变了海洋的生态系统，如漫长的海岸线或深海生态系统。墨西哥湾石油泄漏被认为是美国历史上最严重的漏油事件。2010年4月20日，墨西哥湾深水地平线钻井平台发生爆炸、沉没，造成11人死亡。在87天的石油泄漏过程中，估计有319万桶石油泄漏到墨西哥湾中，约20%的泄漏石油可能最终流入海底和海底，破坏深海珊瑚，并可能破坏地表不可见的其他生态系统[①]（图1-39）。

3. 水力压裂技术的干扰

　　水力压裂技术在行业内被称为"水力压裂"和"页岩气提取"。这种技术对于环境产生了极大的破坏，水力压裂是一种在高压力下从狭窄的岩石储层中产出天然气和石油的技术，这些碳氢化合物不会自动外流，而是汇集在深埋的地下水层中，并钻进入储层岩石中，化石燃

① Oil Slick in the Gulf of Mexico. (May 19, 2010). Retrieved April 22, 2016 from NASA.

料在高压下"喷涌"出井，在地表对其进行采集。令人担忧的是，实施此项技术的地区，其周边的环境问题成倍增加，美国环境保护署已经开始对此项技术进行彻底审查[1]。相关审查报告显示水力压裂技术抽取当地地下水资源，影响区域供水、农业用水以及野生动物迁徙的河道，这些问题在易旱地区的破坏力度更大。水力压裂产生的废水排放引发饮用水污染。高压开井时常会引发局域性地震[2]（图1-40）。

4. 加拿大黄石河沿岸的埃克森美孚输油管破裂事件

埃克森美孚的输油管道破裂，造成42000加仑的石油泄漏到黄石河中。漏油事件发生后，埃克森美孚披露，该管道一直从加拿大阿尔伯塔省输送焦油，这是一种低品质、毒性和腐蚀性较大的石油。监管机构尚未被告知管道中装载了焦油[3]（图1-41）。

1.3.2 城市过度扩张下的破碎化基质

1. 空气污染干扰

北京雾霾

全球变暖的威胁主要来自汽车以及发电站的化石燃料燃烧。SO_2引起的酸雨使建筑物、湖泊、树木和鱼类成为主要受害者[4]。2013年1月中旬，北京和我国部分城市遭遇了严重雾霾天气，市民被迫减少外出。虽然政府下令工厂减少污染物排放，但医院呼吸道疾病的病人数量仍在激增。美国宇航局Terra卫星中分

图1-42 卫星图像北京区域（NASA）上图：2013年1月13日下图：2013年1月3日

图1-43 2013年1月23日，北京遭遇严重雾霾天气，天安门广场上的LED屏幕与周边雾霾天气形成鲜明对比。

① Martin Leggett. (July 16, 2011). Hydraulic fracturing and shale gas. Retrieved April 22, 2016 from Earthtimes.

② Briskin, J. (2014). Potential impacts of hydraulic fracturing for oil and gas on drinking water resources. Ground water, 53(1), 19-21.

③ Hoffman, J. (2012). Potential Health and Environmental Effects of Hydrofracking in the Williston Basin, Montana. Geology and Human Health.

④ Dave Armstrong. (Mar 12, 2012). Air Pollution. Retrieved April 22, 2016 from Earthtimes: http://www.earthtimes.org/encyclopaedia/environmental-issues/air-pollution/

辨率成像光谱仪（MODIS）获得了我国东北区域 2013 年 1 月 3 日和 1 月 14 日的卫星图像，显示了该地区上空的浓雾和低云。世界卫生组织认为 PM2.5 在低于 25 微克 / 立方米时是安全的，然而在 2013 年 1 月 14 日，北京 PM2.5 的数值为 291 微克 / 立方米，大多数 PM2.5 气溶胶颗粒来自化石燃料和生物质燃料的燃烧（农业燃烧）[1]（图 1-42，图 1-43）。

2. 城市热岛干扰

城市热岛是大都市区由于人类活动，造成其温度比周围的农村地区温度要高很多。热岛效应在夏季和冬季最引人注目。城市热岛有两个主要原因：一个是暗面材料吸收的太阳辐射明显较多，例如密集的沥青城市道路和混凝土建筑物；另一个主要原因是城市地表缺乏蒸散作用，植被和湿地的减少是直接原因[2]。

自 20 世纪 70 年代以来，北京的城区面积一直在快速增长。我国香港地区也一直面临着土地短缺的问题，地产价位与墓地用地价位都是昂贵的。在香港，许多逝者需要等待 5 年才能有墓位（图 1-44）。再如 1906 年肯尼亚内罗毕建立城市，如今它已迅速成长为一个蓬勃发展的大都市（图 1-45）。

3. 光污染干扰

光污染是工业时代的产物。其来源包括建筑外部和室内照明、广告、商业地产、办公室、工厂、路灯和照明体育场馆。在北美、欧洲和日本，高度工业化、人口稠密的地区以及中东、北非的主要城市（如德黑兰和凯洛）中，光污染现象最严重[3]。其造成的不良后果是多重的，主要包括：人造光对鸟类栖息地产生退化影响；光污染干扰了夜空中的星光，对城市居民来说，还会干扰天文观测站；而且像任何其他形式的污染一样，会破坏生态系统；由于使用人造光源，人类直接或间接地将人造光引入室外环境，自然光含有量降低，危害人类健康。

4. 基础设施建设干扰

纳斯卡线条

纳斯卡线条是位于秘鲁南部纳斯卡沙漠的一系列古代地面图形遗址。1994 年，被联合国教科文组织列为世界遗产。数以百计的生物个体从简单的线条到风格化的蜂鸟、蜘蛛、猴子、鱼、鲨鱼、兽人和蜥蜴。由于其位于气候干燥、常年不变的偏远高原地区，这些遗址大多留存下来[4]。然而，城市发展和公路光缆建设给纳斯卡线条造成了损害（图 1-46）[5]。

1.3.3 自然灾害下的破碎化基质

1. 荒漠化干扰

基质作为景观格局的一个元素，当林田被大量置换为耕地，牧场被过度放牧，溪流干涸。当巨大的沙尘暴到来时，本土植物覆盖减少，本地动物减少，入侵性植被扩散，土壤被侵蚀，同时沉积物在陆地和溪流的其他地方也堆积起来。一旦贫瘠的土地相互连接，周围裸露区域的热量和沉积物相互侵蚀，荒漠化再次加剧[6]。

① Air Quality Suffering in China. (Jan 15, 2013). Retrieved April 22, 2016 from NASA: http://earthobservatory.NASA.gov/IOTD/view.php?id=80152

② DAILYMAIL.COM. (March 16, 2015). The devastating effect humans are having on the planet laid bare by these stunning now and then pictures. Retrieved April 22, 2016 from Dailymail.

③ Light pollution. (2015). Retrieved April 22, 2016 from Wikipedia.

④ Nazca Lines. (Agust 9, 2014). Retrieved April 22, 2016 from Wikipedia.

⑤ Disturbance on Dirt Roads Crossing Peru's Nasca World Heritage Site seen by NASA's UAVSAR. (Jan 5, 2016). Retrieved April 22, 2016, NASA.

⑥ RICHARD,T. y Forman, M. (1986). Landscape Ecology. America: Wiley, p.167.

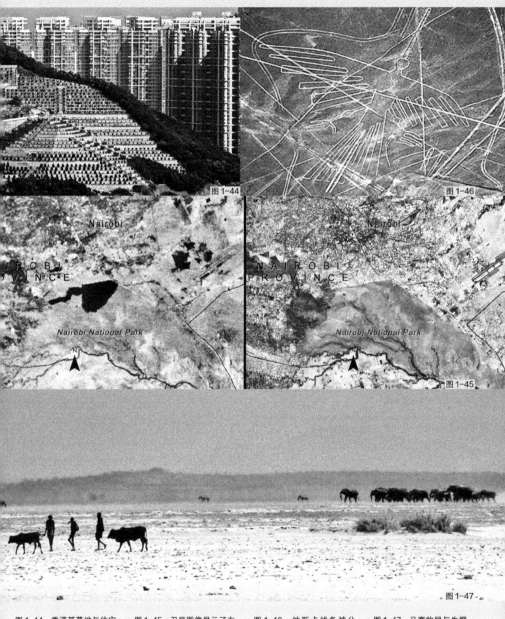

图1-44 香港某墓地与住宅区（Kin Cheung，2015）

图1-45 卫星图像显示了左图是1976年和右图是2005年的内罗毕（NASA）

图1-46 纳斯卡线条被公路和光缆建设切割（Thomas Reinecke，2014）

图1-47 马赛牧民与牛群、象群在同一个水源地寻找水源（Marie Wilkinson，2007）

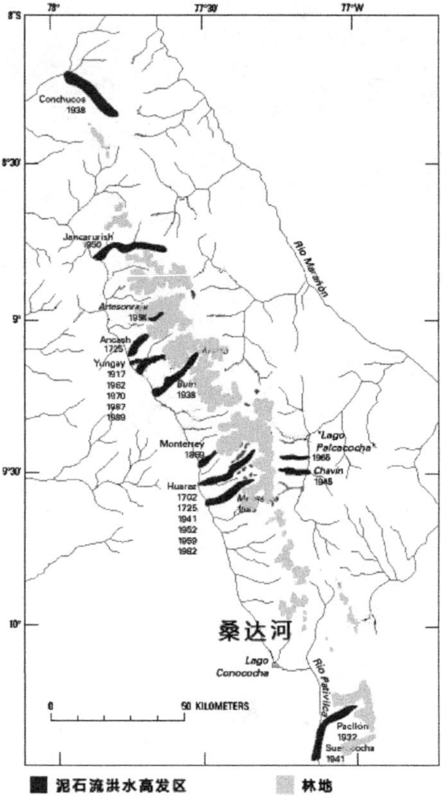

图 1-48 自 1702 年以来，在佩雷的里奥圣塔山谷造成死亡或查明的自然灾害起点分布图（USGS，1999）

2. 肯尼亚、埃塞俄比亚干旱

2010 年下半年，太平洋中部和东部海域的拉尼娜现象使西太平洋的海水温度升高。东非大部分地区干旱严重。随着时间的推移，不稳定的降雨、洪水和干旱导致撒哈拉以南非洲地区出现大规模农作物歉收[1]（图 1-47）。

[1] Anyamba, A., Tucker, C.J., Mahoney, R. (2002). El Niño to La Niña vegetation response patterns over East and Southern Africa during 1997-2000 period. Journal of Climate, 15, 3096-3103.

3. 冰川消退的干扰

（1）秘鲁瓦斯卡兰国家公园

冰川是该区域地貌和水文的主要元素。随着气候变化，山脉的冰川冰量正在消融中，遗址的结构也在不断恶化，包括壁画廊道、排水沟和出现滑坡的内部通风口。最大的威胁是由冰川湖溃决引发的洪水灾害（如 1941 年的洪水），以及高烈度和强度的地震（如 1970 年地震）。1941 年，对被洪水掩埋的查文遗址进行了保护、清洁、预防性保护、研究和准备工作。然而最主要的瓶颈问题是预算和人员配置不足，限制了国家公园处理灾害威胁的有效运行，需要制定应对迅速消退冰川的战略性策略。瓦斯卡兰国家公园顺着秘鲁北部的 Santa 河谷经过 Chavínde Huntar、Yungay 和 Ranrahirca 村庄，便抵达位于下游的瓦拉斯市区。1702 年至今，受灾最严重就是 Santa 河谷（图 1-49）。瓦拉斯市发生过 22 起由冰川雪崩引发冰川湖溃决的洪水灾害。1941 年 12 月 13 日，洪水造成 5000 人丧生，三分之一市区被摧毁，同时 Chavínde Huntar 村庄以及查文考古遗址均被淹没[2]。1970 年，秘鲁发生了历史上最严重的特大自然灾害——安卡什地震，又称秘鲁大地震。这次地震引发瓦斯卡兰国家公园北部（海拔 6655 米）发生突发性雪崩，形成的岩石、冰雪、洪水掩埋了 Yungay 和 Ranrahirca 城镇。这场雪崩的导火线是一块长约 910 米、宽 1.6 公里的巨型冰川裂冰和岩石的滑动，以 280 ~ 335 公里 / 小时的平均速度向 Yungay 村庄推进。快速移动的冰与岩石附着了大量冰川沉

[2] Glacier Hazards. Retrieved April 22, 2016 from USGS: http://pubs.usgs.gov/pp/p1386i/peru/hazards.html

积物，当它到达 Yungay 村庄时，已经形成约 8000 万立方米的水、泥浆、岩石和积雪，造成约 7 万人丧生[①]（图 1-48，图 1-49）。

（2）消退的加拿大路易斯冰川

路易丝湖是加拿大艾伯塔省班夫国家公园内的一个冰川湖，路易斯冰川紧邻此湖，路易斯冰川正在消退。

4. 洪水干扰

美国卡特里娜飓风

与墨西哥湾石油泄漏同年（2010 年），在同一地区，卡特里娜飓风造成了历史性的灾难。大坝决堤，洪水造成近 1800 人丧生。这场灾难主因不是卡特里娜飓风，而是密西西比河的河道变化和湿地的抗灾能力骤减。密西西比州发生洪水的关键原因是河流及其流域建设项目产生的后遗症。在 20 世纪中叶，为提倡防洪和高效通航，建成世界上最复杂的工程壮举之一——密西西比运河（图 1-50）。自 1930 年以来，由于运河的堤防建设，使密西西比河沿岸失去了沉积物的持续补给，在地面沉降、风暴破坏、运河疏通和碳氢化合物开采的综合影响下，失去了 2300 平方英里（约 5957 平方公里）的湿地[②]（图 1-51）。

1.3.4　人道主义迫害下的破碎化基质

1. 战争干扰

战争对环境的影响主要包括未引爆的弹

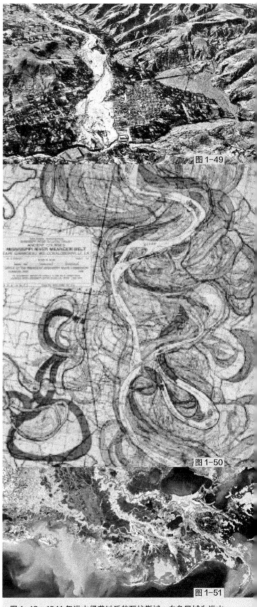

图 1-49

图 1-50

图 1-51

① World's highest glaciers, in Peruvian Andes, may disappear within 40 years. (Nov 5, 2015). Retrieved April 22, 2016 from ABC

② Mossop, E., & Carney, J. In the Mississippi Delta: Building with Water.

图 1-49　1941 年洪水侵袭过后的瓦拉斯城，白色区域为洪水覆盖区，右侧老城区域没有受到影响（Arnold Heim，1947）

图 1-50　密西西比河古道地图，1944 年

图 1-51　（白色区域为）20 世纪密西西比河入海口湿地损失（Michael Blum，2010）

药、核试验、化石燃料、人造灾害等。化学武器、核武器战争对生态系统和环境造成日益严重的压力。第一次世界大战期间，主要交战国均使用了大规模杀伤性武器（即化学武器），到战争结束时，估计有 130 万人伤亡，其中包括 10 万~ 26 万平民，而且化学武器涉及的水土流失、森林砍伐和水污染人数不详。橙剂、火箭燃料、铅、汞、石油、石棉、无数致癌溶剂等沉淀到土壤中，被生长性植物吸收，融入饮用水，以及进入呼吸道，这些会间接导致先天性缺陷、癌症、流产以及肾脏和甲状腺疾病[1]。

（1）日本广岛和长崎的原子弹轰炸

1945 年 8 月，在第二次世界大战的最后阶段，美国向日本广岛和长崎投下原子弹。到 1945 年底，原子弹爆炸在广岛造成 14 万人死亡，在长崎造成 8 万人死亡。其中，15%~ 20% 的人死于辐射中毒。广岛和长崎的原子弹爆炸对当地建筑环境和人类生活产生了毁灭性的影响。自那时以来，更多的人死于白血病和癌症归因于身体暴露在炸弹释放的辐射下（图 1-52）。

（2）轰炸西班牙格尔尼卡

1937 年 4 月 26 日，西班牙内战期间格尔尼卡遭到轰炸。这次轰炸被认为是现代空军对手无寸铁的平民的第一次突袭。俄罗斯档案馆显示，1937 年 5 月 1 日以来，此次轰炸共造成 800 人死亡，但这一数字可能不包括后来在医院因伤势过重而死亡或尸体被埋在瓦砾中的遇难者[2]（图 1-53）（该破碎化地块已修复，具体情况请见 P57）。

2. 核事故的干扰

切尔诺贝利核事故，俄罗斯

切尔诺贝利核电站位于俄罗斯普里皮亚特河旁，该水库系统是欧洲最大的地表水系统之一，当时为基辅 240 万居民供水，事故发生时正处于春季洪水暴发时。因此，水生系统的放射性污染成为事故发生后最严峻的主要问题之一。事故发生后，共有 237 人患有急性辐射疾病，其中 31 人在前三个月内死亡。大多数遇难者是消防员和救援人员，他们试图控制事故，但却并不知道烟雾中辐射的危险性。居住在受污染地区的 500 万人中，切尔诺贝利造成的癌症死亡总数可能达到约 4000 人。灾难发生后，位于核电站顺风区 4 平方公里的松林直接变成红褐色而死亡（图 1-54）。切尔诺贝利灾难是历史上最严重的核电站事故，在成本和人员伤亡方面，它是国际核事件规模中被列为 7 级事件（最高类）的两个事件之一，另一个则是 2011 年的日本福岛核电站泄漏。

1.4 总结

本章节概述了有关破碎化景观格局的现状（图 1-55）：

（1）不同干扰条件下景观格局的破碎化会更加严峻。

（2）对破碎化斑块、廊道、基质的分析侧重于直观的解析。然而，直观背后的不可见影响也是极其重要的，例如从核泄漏到破碎化土壤基质；恐怖活动造成的破碎化斑块导致

① Adas,M.The Ecology of War: Environmental Impacts of Weaponry and Warfare. By Susan D. Lanier-Graham. New York: Walker and Company, 1993. 39(4), 193-193.

② La plaza de toros de Badajoz y el bombardeo de Guernica. (Nov 26, 2015). Retrieved April 22, 2016 from Periodistadigital.

全球对于战争的恐惧。这些事件表明，可见的与不可见的破碎化景观格局都是同等重要的，必须谨慎应对，因此在第 2 章讨论破碎化景观格局修复中，加入了对破碎化思想修复案例的分析。

（3）本章的破碎化案例研究比较了景观格局破碎化发生前和后的情况，显示了破碎化格局地块周边环境也在发生变化。其中很多地块已经被修复或者正在修复中，下一章将对被修复的破碎化格局地块进行进一步的解析。

图 1-52　广岛轰炸前（左）和后（右）（NASA，1945）　　图 1-53　格尔尼卡轰炸后（Johnny Times，1937）　　图 1-54　1986 年 5 月 3 日切尔诺贝利核电站受损核心区域鸟瞰图（NASA）

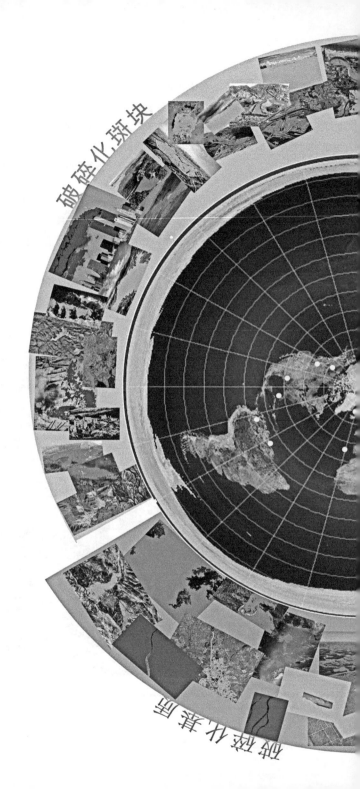

破碎化斑块

破碎化斑块

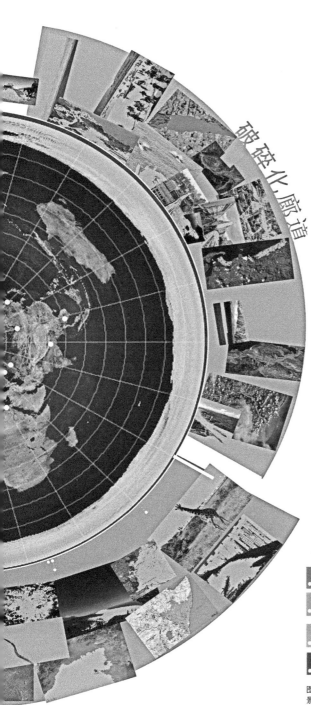

破碎化廊道

资源过度开发下的破碎化景观格局

城市过度扩张下的破碎化景观格局

自然灾害下的破碎化景观格局

人道主义伤害下的破碎化景观格局

图 1-55　世界上在不同干扰类型下的典型破碎化景观格局案例。

图 2-1　植被与土壤修复后的加拉夫垃圾填埋场观地中海平台（BATLLE I ROIG Arquitectes）

第2章　破碎化景观格局的修复

第1章解析了全球不同干扰条件下造成的严重景观格局破碎化,使斑块、廊道、基质和人的心理都受到了破碎化干扰。在第2章中,将对典型的修复项目进行探讨,这些项目对资源过度开采、城市过度扩张和自然灾害频发所导致的破碎化景观格局做出响应(图2-1)。这些修复项目包括被开采的矿山、大坝、海洋污染、农业、洪水、湿地、垃圾填埋场、贫民窟、基础设施、海岸线、狩猎、干旱、雪崩、海啸、地震等。这些项目位于美国、加拿大、中国、西班牙、肯尼亚、意大利、冰岛、法国、阿富汗、新西兰、印度洋。此外,大部分区域仍未获得修复,如太阳能开采、水力压裂、农药、空气污染、城市热岛和核事故,这些区域位于巴西、洪都拉斯、苏门答腊、尼加拉瓜、新加坡、日本、法罗群岛、秘鲁和俄罗斯。

通过案例研究发现,由于不同的地域、破碎化格局类型以及干扰类型,将导致修复途径的差异性,通常可将修复类型分为两大类:第一类,试图通过先进的修复手段,实现景观复原力快速响应的修复,甚至也包括社会思想认知,如文化遗址和现代艺术所产生的对感官和体验的修复;第二类,部分国家坚持通过大规模干预手段(如水利等工程)来对抗或扭转全球变暖和自然灾害进程(图2-2)。

2.1　破碎化斑块的修复

2.1.1　资源过度开采下的破碎化斑块修复

1. 矿山修复

(1)美国钱伯斯湾

钱伯斯湾是位于美国西北部的公共高尔夫球场。由于担心开发商会侵占土地,皮尔斯县决定由该县的纳税人出资,以4000万美元购买了该采煤厂剩余的600英亩土地。在过去的十几年中,社区和市民将荒芜的矿井建设成一个公共公园,公园内有小径、草地、野餐区以及被修复的海岸线,最重要的是还有世界级的公共高尔夫球场。为了尽量减少在场地上使用化学品和除草剂,2006年该县开始在废水处理厂生产生物固体肥料,该产品被称为 SedGRO,已被美国环境保护署授予最高环保标准。该工厂还以天然气为副产品用于污水处理发电为本厂提供电能,并应用回收的废水灌溉土地。最大限度地解决了华盛顿州饮用水资源的分配难题[1]。

为了恢复因采矿而破坏的生态系统，公园清理了剩余的工业废料，并修复了野生动物栖息地（如鹰、狐狸、海狸、土狼和鹿）[2]。在生态海岸线上，两个用于运输的泊船码头被拆除，使该地区许多不同种类的鲑鱼回到钱伯斯湾（图2-3）。

（2）美国弗兰博矿

占地181英亩的矿区位于雷迪史密斯市区以南约1英里（约1.61公里）处，东边是27号国道，西边是弗兰博河。在建造采矿设施之前，该场地包括耕种的农田、古遗址农田和森林地区。几条间歇性溪流流经该地到弗兰博河，占地约8英亩的湿地位于项目边界内。

在采矿期间，肯尼科特雇用了大约70名员工，其中大多数来自鲁斯克县地区。在弗兰博矿的整个生命周期中，展开了环境监测计划。

为了评估项目对环境的影响程度，需要核定该项目是否符合所有适用的法规许可要求。根据要求，弗兰博矿业公司必须定期随机监测地下水状况，包括地下水水位、地下水质量、空气质量、地表水质、废水质量和流量、矿井流入、湿地、水生生态、库存渗滤液质量和气象指标[3]（图2-4）。

2.1.2 城市扩张干扰下的斑块修复

1. 垃圾填埋场修复

西班牙加拉夫垃圾填埋场

加拉夫垃圾填埋场于1974年开始接收生

图2-3 钱伯斯湾高尔夫球场修复前后对比，上图为修复前的砾石矿（皮尔斯县，1940），下图为修复后（Patterson. D，2015）

① Chambers Bay. (Dec 21, 2015). Retrieved April 22, 2016 from Wikipedia.

② The Best Golfers in the World Are Playing on a Poop-Watered Course. (June 20, 2015). Retrieved April 22, 2016 from Motherjones.

③ Reclaimed Flambeau Mine. (Nov 13, 2013). Retrieved April 22, 2016 from Dnr.

图 2-4　弗兰博矿现场：左上图为修复前；右上图为采矿中 1996；下图为修复后 2002（Team Steele Chicken）

活垃圾，占地 70 公顷，在某些填埋点，废物填埋深度超过 80 米。从 2000 ~ 2008 年，展开了 1、2、3 期（修复）。2006 年 12 月 31 日，加拉夫垃圾填埋场完全关闭。2007 年，生态公园 4 期开始修复至今，第 4 期堆积了近 35 万吨生活垃圾。整个修复项目的目标是：利用当地的森林系统，支持场地内初级生态系统的建立，主要从土方工程、土壤、植被、管理这几个方面展开。

1）土方工程：在垃圾填埋场建造梯田，以确保大量堆砌废物的稳定性。修复项目根据地形匹配模式，设置了梯田、侧坡、内部流体排水系统、沼气提取网、道路和种植园。由于陡坡，要求建造约 10 米高的挡土墙。

2）土壤：农业中决定因素是土壤。本项目主要涉及两种土壤：第一种用于建造梯田的基本结构，并填充挡土墙之间的空间；第二种是肥沃的土壤，用于植被的种植。两种土层之间铺设了沙子和防水层，将垃圾场与新土壤分开。然后将粪肥应用于特定的种植区域（斜坡和行树），将堆肥用于梯田，以改善土壤的结构和质地。为了提高土壤肥力，还在梯田上建立了以豆类植物为基础的作物轮作。

3）植被：在废物堆场的修复中采用了三种类型的植物：松树在排水沟和路径上排列，山坡上种植灌木，梯田上种植豆类作物。种植松树和灌木是土地修复的主要投资。相反，引进豆类作物成本低，但管理期要长得多（2 ~ 3 年）。这些作物大多是本地物种（在公园附近的土地上种植非常密集），通过利用本土的森林系统更易适应当地的环境，实现灌木和乔木格局与种类的本土化规划。

4）管理：农业经营受诸如病虫害或天气意外变化等不可预测因素的影响，迫使农民适应管理任务，时刻警惕作物新的变化。有些干预措施是预防性的，有些是治疗性的，最终目标是通过直接在斜坡上引入（种植、灌溉和除草）或提供有利于在梯田上自然繁殖的条件，实现加拉夫本地物种的种植。后一种情况要求观察入侵物种的生长情况，淘汰具有开创性或过度入侵的物种，并选择最合适的植物[1]（图 2-5）。

2. 贫民窟修复

西班牙巴塞罗那罗拉维拉山

进入 21 世纪前，巴塞罗那市政府承诺要清除城市里的贫民窟，为移民提供一个有尊严的住所，拉罗维拉山是最后一处被拆除的非法棚户区。时任市长在拆除现场举行了具有历史意义的活动，标示着巴塞罗那市最后一个贫民窟走入历史。新的场地任务是城市历史博物馆分馆改建工程和场地景观修复工程，将引入考古学标准，对这个 360° 观景台上破碎化的历史遗存和特殊时期的建造材料进行保存，完整呈现这个独特地区的历史境遇。拉罗维拉山的修复工程将不同时期场地上的居民活动痕迹保留了下来，我们在场地中可以发现每一个特殊时期中的不同功能特征，更重要的是可以展示出人性的适宜空间，映射出每一个社会时期的价值观。在修复之后，所有的景观层次都呈现出来，新的空间具有更微妙的多

① Batlle, E. (2011). El jardín de la metrópoli: del paisaje romántico al espacio libre para una ciudad sostenible. GG.

元化气氛。它呈现出的动态化空间过渡不仅是一个凝视历史的场所（开放的博物馆），也是日常欣赏城市景观的平台（360°观景平台）。这种景观的动态与层次塑造出了时间维度里栖息在此地的人类使用空间的方式。它保存了一个地层叠置的视觉效果，展现了场地随着时间变化的动态性景观。它敢于突出遗产的元素，也强化了现有的景观，尤其在分解过程中，着重突出了各种景观破碎化肌理的视觉效果。这些设计干预是为了保留20世纪以来巴塞罗那的城市历史，通过保存和展示场地的过去，从而了解并且解释它的现状，以及对未来的影响（图2-6）[①]。

图2-5

图2-6

图2-5　加拉夫垃圾填埋场修复过程现场图：从2004年到2012年（BATLLE I ROIG Arquitectes）

图2-6　图雷德拉罗维拉山（European Public Space Prize）

① Arrangement of the summit of the Turó de la Rovira hill. (April 6, 2011). Retrieved April 22, 2015 from Public space.

2.1.3 自然灾害下的破碎化斑块修复

1. 干旱修复

（1）突尼斯－西迪图伊国家公园

西迪图伊国家公园成立于 1993 年，随着对本地植被的修复，一些鸟类物种也相继回归。在公园建立之前，羚羊和瞪羚物种由于栖息地的丧失而几乎灭绝[1]。1987 年的卫星图像显示此地区在干旱、耕种和过度放牧的综合压力下向荒漠化推进。在 1999 年的卫星图像中，公园中被修复的草被很容易被识别，意味着该地区的本土植被开始在公园的保护边界内回归[2]（图 2-7）。

（2）里斯本旱地

水敏感土地显示目前全球许多国家处于缺水的状况。因为"旱地"开放式竞赛的主要目的是对于美国西部缺水状况的改造。该项目的论点侧重于生态基础设施、社区潜在力的想法，以探索平衡水资源管理的有效解决办法，同时

恢复城市公共空间的新动力。项目的主要目标是重新解释一系列古老的水系统模型，例如受印度古老基础设施启发，重建一个可持续、动态和适应性强的系统，以支持人类活动和社区生活。该项目结合了 4 个关键战略：水战略——营造一个庞大的承载网络。绿色战略——通过景观设计和管理，实现生产多样化、生物多样性，建立一个有效的碳、水汇网种植园，利用本土植物营造一个森林、林地补丁社区。方案战略——建立一个能够促进更多的公众参与和互动的庞大动态设施网络，从而引入重要的生活新方式和社区新意识。适应模型——作为一个开放的模型，能够模块化适应不同规模和维度的城市（图 2-8）。

2. 雪崩修复

冰岛西峡湾、东峡湾和冰岛北部的几个城镇和村庄均位于高山脚下，面临雪崩的威胁。山体滑坡频繁发生。在 1995 年发生几次致命的雪崩之后，启动了一项国家研究计划，以调

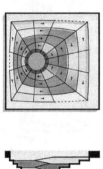
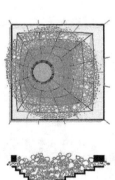

图2-7

图2-8

① Sidi Toui National Park, Tunisia. . (Nov 2, 2008). Retrieved April 22, 2016 from NASA.

② Molcanova, R., & Wacher, T. (2008). Scimitar-horned Oryx Behaviour and the Influence of Management in a Fenced Protected Area: Sidi-Toui National Park, Tunisia. Al Ain Wildlife Park & Resort, United Arab Emirates, 29 th April–2 nd May 2008, 27.

图2-7 西迪图伊国家公园修复后卫星图像（NASA）

图2-8 旱地观念系统解释（Atelier 数据，2012）

查冰岛某些地区的雪崩威胁，促成了对雪崩和山体滑坡监测的法律修正。此外，1998～1999 年，西格鲁峡湾发生大面积雪崩，这一事件无疑证明了这一计划的价值。

（1）冰岛弗拉泰里村

这是应用倾斜大坝完成的最成功的案例，在村庄上方可以清楚地看到三角形大坝，该大坝是在 1995 年发生致命雪崩后修建的，自修建以来，大坝已经成功地转移了至少两次大型雪崩。

（2）冰岛西格鲁乔杜尔村

西格鲁乔杜尔村坐落在位于冰岛北部海岸的一个狭窄峡湾中，周围环绕着 1000 米高的山脉。它最初建立在一个小半岛上，城市扩张后伸向峡湾，后来也开始蔓延到山上和海岸边。自 1836 年以来，该镇南部共发生 46 起雪崩，部分建筑物不得不永久拆除，同时西格鲁峡湾全镇都受到雪崩的严重威胁。作为防御回应，全镇分为 7 个危险区等级，并计划采取 5 种应急预防措施。Laidslag 景观设计公司从一开始就参与了项目的所有阶段，选择该镇南部的雪崩威胁点进行介入。为了将雪崩从人口稠密地区转移至无人区域，人工建造了两面墙体：较小的墙长 200 米，高 14～16 米；大一些的墙长 180 米，高 18 米。1999 年 7 月，在较低的结构层播种植被，整个地区的绿化总面积为 30 公顷。雪崩防御结构在夏季也是该镇娱乐设施的一部分，当地居民可以徒步登上山墙，这也变相实现了将防御结构作为当地景观的一部分[①]（图 2-9）。

2.1.4　破碎化斑块下的人道主义迫害修复

1. 恐怖袭击修复

9·11 恐袭

美国 9·11 纪念馆由纪念馆和博物馆两部分组成，以纪念 2001 年 9 月 11 日造成 2977 人死亡的恐怖袭击。纪念馆位于世贸中心遗址，也就是纽约双子塔的前址，双子塔在 9·11 袭

图 2-9　西格卢乔杜尔镇的山墙景观（Laidslag，2000）

① Vilhjalmsson. (2001). Avalanche defence structures in Iceland, Topos, 36, 42-47.

击中被摧毁。此纪念馆由一家非营利性公司运营，其使命是为世贸中心遗址的纪念馆和博物馆筹集运营资金。

2004年1月，建筑师迈克尔·阿拉德和景观设计师彼得·沃克的设计方案从63个国家的5201件参赛作品中脱颖而出成为优胜者。该方案由两个占地1英亩的水景池组成，拥有美国最大的人工瀑布，两个双子塔的脚印，象征着恐怖袭击造成的生命和物理空间的损失。瀑布的水声旨在将周围城市的噪声淹没，景观设计师彼得·沃克将400颗白橡木种植在纪念馆的位置，为来访者营造深思的心灵避难所[①]（图2-10）。

2. 战争修复

（1）阿富汗巴米扬大佛

在塔利班恐怖组织炸毁闻名世界的巴米扬佛像的14年后，这些巨大的雕像在曾经矗立的洞窟中通过3D激光投影技术"复活"。该项目得到一对中国夫妇（张新宇和梁红）的支持，夫妇二人对于6世纪被摧毁的两座雕像感到悲伤，并决定使用3D激光投影技术，用佛陀的虚拟图像在喀布尔西北230公里处的哈扎拉贾特巴米扬山谷的悬崖上投射到空洞中，获得了阿富汗政府和联合国教科文组织的许可。2015年6月7日超过150人前来观看这一奇观[②]（图2-11，图2-12）。

（2）纳西里耶乌尔古城

"侣行"团队应用全球前沿的3D laser扫描仪，对纳西里耶乌尔古城进行了全方位的3D扫描，通过收集点云，成功地将乌尔古城三维

模型记录下来。最后团队将可视化文件赠送给伊拉克博物馆，可以用来向后代和研究人员提供原始的历史资料，以防止乌尔古城将来被极端组织炸毁（图2-13）。

（3）美国夏威夷亚利桑那纪念馆

1941年12月7日，日本对珍珠港发动突然袭击，造成亚利桑那号（BB-39）上有1177名水兵和海军陆战队员遇难，也是为了纪念这个事件，于1962年建立了亚利桑那纪念馆，每年有200多万人参观。纪念馆只能乘船到达，跨越沉没的战舰船体。美国海军规定，纪念馆的形式是在原有漂浮在海面上的舰艇的基础上改造为可容纳200人的桥梁。它代表了美国战前的自豪感，以及在遭受袭击后突然的萧条。到访的每一位参观者从内心深处进行个人思考[③]（图2-14）。

2.2 破碎化廊道的修复

2.2.1 资源过度开采下的破碎化廊道修复

1. 大坝修复

（1）德国吉斯塔赫特大坝鱼洄游通道

鱼洄游通道位于伊贝河口上游142公里处的吉斯塔赫特大坝，在那里建造了一个垂直鱼槽通道，以确保大西洋鲑鱼、海鱼在埃尔贝河上游的栖息地繁殖，恢复在伊白河已经灭绝的鱼类种群。伊贝鱼长3米，重130公斤，通道尺寸是根据这一物种的大小来设计的。整条通道长550米，高差达4米。到2012年1月，

① National September 11 Memorial & Museum. (Dec 9, 2014). Retrieved April 22, 2016 from Wikipedia: https://en.wikipedia.org/wiki/National_September_11_Memorial_%26_Museum

② World-Famous Buddhas of Bamiyan Resurrected in Afghanistan. . (June 15, 2015). Retrieved April 22, 2016 from Ndtv.

③ USS Arizona Memorial. . (Nov 24, 2015). Retrieved April 22, 2016 from Wikipedia: https://en.wikipedia.org/wiki/USS_Arizona_Memorial

图 2-10　9·11 国家纪念馆和博物馆 上图为修复前,2001年;下图为修复后,2012 年(安东尼多马尼科)

图 2-11　通过投影来填补雕像被毁后的 175 英尺(约 53 米)的空洞。超过 150 人去观看了灯光秀,并在全息雕像前跳舞(侣行,2015)

图2-12　该项目由张新宇(右)和梁红(左)实现(侣行,2015)

图 2-13　3D 扫描后的乌尔古城模型(侣行,2015)

图 2-14　亚利桑那号纪念馆的鸟瞰图(CNN,2010)

共有 50 万条鱼通过鱼道，日高峰期达 25000 条[①]。生物学家和生态学家证明了这种基础设施的有效性（图 2-15）。

（2）美国埃尔瓦大坝和格林斯峡谷大坝

奥巴马总统在上任的第一天，就确定了将经济复苏与清洁能源联系在一起的策略。上任后的第一个行动是签署一项《恢复法案》，其中包括 800 亿美元的清洁能源投资项目，这将有助于美国在三年内将可再生能源发电量翻倍，同时创造数千个就业机会。这项《恢复法案》的资金还包括 1670 亿美元用于美国国家海洋和大气管理局，主要应用在沿海修复项目。在 800 多个申请项目中，美国国家海洋和大气管理局选择了全国最有价值的 50 个项目，这些项目对环境有重要的影响潜力。在全国范围内，这笔资金将用于：恢复超过 8900 英亩的栖息地；清除约 700 英里（约 1126 公里）的不安全旧水坝，以便鱼类可以更好地迁移和产卵。埃尔瓦生态系统修复项目是美国国家公园管理局在 21 世纪的重大意义项目，在华盛顿州奥林匹克半岛的埃尔瓦河上拆除了两座水坝，使该河恢复自然状态。这是美国历史上最大的大坝拆除工程。两座水坝中的第一座大坝埃尔瓦大坝于 2011 年 9 月开始拆除，2012 年 3 月提前完工。第二座大坝——格林峡谷大坝拆除工作于 2014 年 8 月 26 日完工[②]（图 2-16）。

2012 年夏季鲑鱼物种在支流中产卵，此现象在此已经消失了近一个世纪。与此同时，在水坝拆除后产生的 2400 多万亩黏土、淤泥、沙子、砾石和鹅卵石等堆积物开始流动。但从短期来看，未来 3～10 年流域沿岸人类和动物的安全是最重要的问题。埃尔瓦克拉姆部落的本土居民已经自愿放弃捕鱼权五年，但几年后，他们希望看到鲑鱼在历史悠久的渔场越来越多。大量沉积物短期内会释放污染物，但从长远来看，这是生态系统恢复的过程[③]。工人们正在沿岸种植数十万株本土幼苗，以恢复在暴露在外的地表。随着鲑鱼种群在未来几十年内恢复，预计其他本地物种也将返回该地区，如鹰和熊，它们依赖于鲑鱼产卵作为丰富的食物来源。

2. 干旱的修复

中国坎儿井

新疆古代灌溉系统可能在未来 25 年内消失。坎儿井主要出现于新疆的哈密和吐鲁番地区，那里气候炎热干燥，可追溯到汉朝。它被认为是中国古代三大工程之一（长城、京杭大运河、坎儿井）。其地下灌溉系统结构由四部分组成：深达 50～60 米的洞、一条地下运河、一条地上运河和一座小型水库。主要优点是：不消耗能源或造成污染。漫步在长 5000 多公里的地下，其也被称为"地下长城"[④]（图 2-17）。据当地水利部门报告，自 20 世纪 70 年代以来，坎儿井的水源被切断，中国西北部新疆维吾尔自治区仍在使用拥有 2000 年历史的坎儿井灌溉系统，数量从 1784 个减少到 614 个。

① Nam, C. L. P. T. V. (2015). Review of Existing Research on Fish Passage through Large Dams and its Applicability to Mekong Mainstream Dams. MRC Technical Paper. 48.

② Fraser. C. . (Oct 14, 2013). Retrieved April 22, 2016 from Yale: http://e360.yale.edu/feature/the_ambitious_restoration_of_an_undammed_western_river/2701/

③ Nicole, W. (2012). Lessons of the Elwha River: managing health hazards during dam removal. Environmental health perspectives, 120(11), a430.

④ Kang S.Su X.Tong L.Zhang J.Zhang L.&Davies.(2008).A warning from an ancient oasis: intensive human activities are leading to potential ecological and social catastrophe. The International Journal of Sustainable Development & World Ecology, 15(5), 440-447.

图 2-15　吉斯塔赫特大坝鱼
洄游通道鸟瞰（ecologismos，
2013）

图 2-16　埃尔瓦大坝拆除前
后对比（埃尔瓦河恢复项目，
2011）

图 2-17　新疆坎儿井（Renato
Sala, Jean Marc Deom,
2008）

2.2.2　城市过度扩张下的破碎化廊道修复

1．铁路修复

美国高线公园

　　高线公园沿着废弃的瓦迪斯高架铁路在纽约 C139 延伸。巧妙的屋顶花园形成了一条公共长廊，比街面高出约 10 米。将高线（工业遗产）转变为公共公园的成果，是公共实体和公民致力公共事业愿景的显著成就（图 2-18）。

2. 高速公路的修复

（1）西班牙特里尼塔特三叶草公园

　　特里尼塔特地区位于贝塞斯河河床上，该河道干涸后，遗址是由冲积沉积物堆砌形成，这些土层位于硬度较大的基岩上，这些坚硬的基岩形成了公园的天然边界。公园位于圣安德烈火车站配套公共区域，这是从北部通往巴塞罗那的主要入口。除了铁路线外，现有一条地铁路线，以及新的道路基础设施。三叶草公园将原有的 9 米高差增加至 15 米，通过引入整体下沉的新地形元素建立起公园与城市之间的新关系，解决了城市新外环线的交叉口和通往北部和东部高速公路的复杂结构连接问题。公园内部，为减少高速公路和道路基础设施公园视觉和声学环境影响，进行了边缘的升级。该项目对周围高速公路的连接应被视为一个连贯的整体项目，其中公共空间、设施和水都是贯穿项目区域的连接点[1]（图 2-19）。

（2）野生动物通廊结构

　　尽量减少人类与野生动物冲突，使动物能

图 2-18　修复后的高线公园
（James Corner Field Operations）

图 2-19　三叶草公园遗址：上图，修复前，1979；下图，修复后，2014（Enric I Roig）

① Orendain Almada, F. (2014). El Parc de La Trinitat: La Puerta Norte de Barcelona. Retrieved April 22, 2016 from Diposit: http://diposit.ub.edu/dspace/bitstream/2445/56295/2/Orendai%20Almada%20F%C3%A1tima_01.pdf

够安全地穿越人为障碍的途径之一就是建造野生动物通廊，通廊结构包括地下通道或高架通道。第一批野生动物通廊建于 20 世纪 50 年代。至此，包括荷兰、瑞士、德国和法国在内的几个欧洲国家一直在使用各种通廊结构来减少野生动物和道路之间的冲突（图 2-20）。这些构筑物一直是重要的生境和迁徙走廊，而且它们变得越来越重要。虽然野生动物地下通道的建造成本较低，而且生物更易于适应，但野生动物高架通道是某些大型兽类和标志性濒危物种（如灰熊）的首选[1]。

（3）加拿大班夫国家公园的跨高速通廊

在加拿大和美国，野生动物过境变得越来越普遍。世界上最知名的野生动物通廊位于艾伯塔班夫国家公园，其被一条高速公路切割开。为了减少四车道高速公路的影响，建造了 22 座地下通道和 2 座立交桥，使野生动物死亡总数减少了 80%，以确保栖息地的连通性，同时也保证驾车者的安全。目前有大约 11 种大型哺乳动物 240000 次穿过这些路径，包括狼、灰熊、鹿、山猫、山狮和驼鹿[2]。此高架通廊的设计方案采用简单的模块化施工方法，以融合和经济高效的方式选取熟悉的本土材料，以新的方式重新塑造动物通廊。政府以及国家公园组成的评审团之所以选择了这个方案，是因为它不仅可行，还营造了一种新颖的设计方案，解决了一个日益严重的问题，成为全球动物通廊的学习标准（图 2-21）[3][4]。

图2-20

图2-21

① WHY ARE ANIMALS DYING ON OUR ROADS . (April 23, 2014). Retrieved April 22, 2016 from Arc.
② Bissonette, J. A., & Adair, W. (2008). Restoring habitat permeability to roaded landscapes with isometrically-scaled wildlife crossings. Biological Conservation, 141(2), 482-488.
③ HNTB+MVVA Win ARC Wildlife Crossing Competition. (Jan 25, 2011). Retrieved April 22, 2016 from Bustler.
④ Wildlife Gallery. (Dec 23, 2012). Retrieved April 22, 2016 from Parks Canada.BE57-480F-BE9A-764F77D129AC}

图 2-20　野生动物通廊案例在美国和澳大利亚（blogerzehra，2017）

图 2-21　班夫国家公园野生动物穿越结构上安装的红外感应摄像头捕捉到：野生动物应用通廊返回栖息地（Susan Hagood，2010；班夫国家公园，2011）

3. 海岸线修复

（1）西班牙科布德格雷乌斯自然公园

随着生态民主意识的兴起，1998 年位于勇猛海岸上的科布德格雷乌斯海角宣布成为自然公园。包括地中海俱乐部在内的区域以其珍贵的地质及植物学价值被定级为国土保护最高级别。2003 年夏天，地中海俱乐部停止营业。2008 ~ 2010 年，俱乐部被"删除"，原有的生态系统进入动态恢复过程，并在原有地块基础上"重造"自然公园以及其中的道路和观景网络，成为地中海沿岸有史以来最大的修复项目。修复项目共采取四项行动：1）对 430 栋建筑物进行选择性拆除，相当于 1.2 公顷的建筑和 6 公顷的市政工程；2）管理和回收 100% 的建筑垃圾，再结合当地石材一起就地建造了 4.5 公里的道路；3）改造该项目地的地形和排水系统，为恢复陆地和海洋之间的沉积物营流流通通道；4）清除 90 公顷的外来入侵植被（图 2-22）。

（2）新西兰奥龙戈湾

新西兰奥龙戈湾整体规划项目的确立，重建了其破碎化生境的愿景。同时扩大农业生产，展示丰富的本土文化景观。一支才华横溢的生物学家和生态学家团队看到了在杨尼克头半岛上设立野生动物保护区的独特机会。景观设计师在三面陡峭悬崖的保护下，精心设计了防捕食围栏，以创建理想的候鸟筑巢保护区。根除了现有的啮齿动物和害虫，并密集种植沿海林地树苗，以创造生境。保护区的最终目标是重新引入喙头蜥，一种高度濒危的史前爬行动物，曾经栖息在北岛的裸露悬崖上。在积极的害虫

控制制度的支持下，修复进程得到高效的发展。修复后的栖息地吸引了蓝企鹅的到来。一种播放鸟叫的音频系统吸引了濒临灭绝的灰脸海燕筑巢繁殖，这是世界上首次尝试成功。为了支持图阿塔拉保护区的努力，景观设计师发起了一项广泛的计划，以恢复邻近的奥龙戈湿地，一个曾经充满活力的潮汐湿地，以前的土地所有者排水放牧。为了提供多样化的生境，总体规划建议恢复海水湿地和建设淡水湿地。一座巨大的、曲折的土堤将流域分割，将雨水转移到内陆淡水湿地。虽然海水湿地是潮汐，淡水湿地的设计是为了适应季节性洪水。一条蜿蜒的水系一年四季流动，在雨季，宽阔的平地被洪水淹没。这些岛屿的坡度和大小经过仔细校准，为特定的两栖动物提供保护性栖息地。在湿地上方的高地重新造林是一项复杂的工程，从图阿塔拉保护区向南延伸 5.5 英里，沿着海岸。这些高地暴露在狂风和雨水的侵蚀下，并慢慢侵蚀入海。重新造林有助于稳定脆弱的海岸线，同时通过野生动物走廊创造宝贵的栖息地并增加连通性。迄今为止，奥龙戈湾已经种植了 50 万棵树。生态恢复项目是部落的骄傲之源。设计团队与 Ngai Tamanuhiri 合作，创建一个苗圃，使部落能够提供重新造林所需的一些树木。这里不仅提供了急需的就业机会，还可以邀请社区分享他们在植物种植方面的智慧，并参与生态再生（图 2-23）。

（3）塞勒海滩的修复

考虑到塞勒海滩严重的受侵蚀现状。1973年，在西班牙生态学家的抗议下，迫使市议会暂停了巴伦西亚海湾的阿尔布费拉区的土地拍

图 2-22　上图为海角修复之前 2008 年现状图；下图为海角修复后 2012 年现状图（EMF，2012）

图 2-23　奥龙戈湾湿地：上图为恢复前，2005 年；下图为修复后，2010 年

图 2-24　上图为塞勒沙滩旅游业大兴开发时期 1977 年的现状图；下图为修复 10 年后 2014 年的现状图（Via arquitectura）

卖。1974 年，市政府同意将此区域的规划开发用地减少一半。随着 1979 年新一届市议会的建立，在民众对于环境保护政策的拥护下，阿尔布费拉自然保护区正式建立，并停止了在此区域内有关破坏自然环境的建设项目，虽然很多破坏已经造成。1986 年此区域被命名为自然公园。为了阻止塞勒海滩的进一步侵蚀恶化，1990 年开始策划在此海滩区域的修复计划。首先花费了 4 亿多比塞塔①用于拆除码头、学校等建筑物，混凝土建造的船模被保留改造成自然保护区服务与历史资料中心②。沙丘在稳定海滩方面发挥着重要的作用。一方面，其可储备沙子；另一方面，其可保护后方植被的生长。于是在对现场进行清理后，建造了一条新的沙丘廊道。沙丘的设计以星月形沙丘为模块，由典型的灌木丛组成，为了抵御强力的海风以及高强度日晒，均为低矮耐旱的攀爬类灌木植被，如马拉姆草、乳香黄连木、香桃木属，欧女桢属、杜松。把每一个模块对称地连接成一条廊道，迎风面形成一个有序的波峰和空洞（图 2-24）③。

4. 盗猎修复

中国大熊猫廊道修复

在中国四川省九鼎山区，海拔 4000 米，一个自发的壮族村民组成了茂县九顶山野生动植物之友协会，每个月花 10 天时间在山上寻找非法偷猎者。由于这个协会不是专业的户外团队，缺乏专业设备，仅采取绳索、篮子和编织袋，以攀登陡峭的斜坡，饮用水来自融化的雪水，巡山过程中他们居住在野生洞穴。然而，

过去的 20 年中，他们拆除了 9 万个狩猎陷阱，使得部分濒危物种的数量有所增加④。

2.2.3　自然灾害下的破碎化廊道修复

1. 洪水修复

荷兰还河空间项目

在冬季洪水高峰期，由于政府提供 2.7 亿英镑的紧急资金，数百个被破坏的防洪系统已经修复。来之不易的开垦土地被河流覆盖再退潮后，形成了洪泛平原，耕地回归成自然的一部分，这种方法正在扭转几个世纪以来与洪水的对抗，而找到与水相处的途径。荷兰四分之一土地在海平面以下，60% 的人生活在洪水危险地区。这个国家应对洪灾在财政和人力方面具有丰富的经验。荷兰启动"还河空间"项目，耗资 23 亿欧元，于 2015 年完工⑤（图 2-25）。

2. 海啸修复

2004 年印度尼西亚海啸造成 22 万人死亡后，一项研究指出，每 100 平方米有 30 棵沿海树木可以削减 90% 的海啸破坏力，证明了红树林湿地可以保护海岸免受风暴袭击，风暴潮每通过红树林 1 公里，可以降低海啸水位 0.5 米。这意味着急需种植大面积的红树林来抵御海啸的破坏力⑥。沿海湿地，包括红树林、潮汐沼泽和海草草甸，从大气中清除碳并将其锁定在土壤中，是重要的栖息地。它们不仅封存了大量的二氧化碳，还为沿海社区提供了免受风暴破坏和洪水袭击的基本避难所。与陆地

① 比塞塔是西班牙及安道尔在 2002 年欧元流通前所使用的法定货币。

② Hulshof M, Vos J. Diverging realities: how framing, values and water management are interwoven in the Albufera de Valencia wetland in Spain[J]. Water international, 2016, 41(1): 107-124.

③ de la Reguera, A. F. (2001). Ordenación del frente litoral de la Albufera sector Dehesa del Saler, Valencia. Via arquitectura, (10).
④ Sichuan qiang- old anti- theft in 20 to defend the " panda corridors ". (Dec 17, 2015). Retrieved April 22, 2016 from Xinlang.

⑤ Carrington . D. (May 19, 2014). Retrieved April 22, 2016 from Theguardian.
⑥ Giesen, W., Wulffraat, S., Zieren, M., & Scholten, L. (2007). Mangrove guidebook for Southeast Asia. FAO Regional Office for Asia and the Pacific.

森林不同，沿海湿地不断建立碳池，储存大量的碳。如果沿海湿地被排干，例如将沼泽转化为农业用途，将会有大量二氧化碳排放到大气中[1]。

美国地质调查局地球资源观测和科学中心的遥感生态学家钱德拉·吉里（Chandra Giri）带领团队，利用 Landsat 图像绘制受海啸影响国家的红树林面积图，并明确了 1975 ~ 2000 年毁林的速度和原因，从南亚和东南亚获得的最重要的结论是：农业是造成红树林破坏的主要因素。这一发现与人们普遍认为虾养殖场是毁林的主要原因相反[2]（图 2-26）。

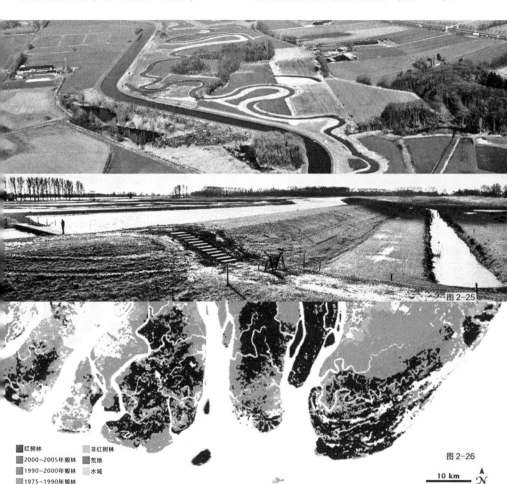

■ 红树林
■ 2000~2005年毁林
■ 1990~2000年毁林
■ 1975~1990年毁林
■ 非红树林
■ 荒地
■ 水域

图 2-25

图 2-26

10 km　N

① Ruth Hendry. (April 11, 2011). Damaged coastal wetlands means bad news for our climate. Retrieved April 22, 2015 from Earthtimes: http://www.earthtimes.org/climate/damaged-coastal-wetlands-means-bad-news-climate/701/

② Evaluating Mangroves After the 2004 Indian Ocean Tsunami (Sept 23, 2011). Retrieved April 22, 2015 from NASA: http://earthobservatory.NASA.gov/Features/GlobalLandSurvey/sb3a.php

图 2-25　"还河空间"项目关键节点，将开垦的土地被放归河流，形成洪泛平原（礼貌韦里·克朗，2014）

图 2-26　这张缅甸伊洛瓦底三角洲红树林砍伐图。为绘制全世界红树林砍伐图提供了基础（吉里团队，2008）

3. 菲律宾红树林修复

东南亚重新种植的红树林因抵御致命的海啸、台风和减少温室气体排放而闻名。

"鸟巢"——红树林修复建议

以修复因海平面上升而失去的土地，生态设计师在研究了沉积过程、流体动力学特性和生态条件之后，为红树林提出了模块化的"鸟巢"建议：通过引入模块化结构来培育红树林以形成天然水坝，以减少海平面产生的影响。仔细研究红树林的生物特性后，设计者发现，耐盐植物是抵御潮汐的天然材料，将河流沉积物固定在其强根中，有助于防止沉积物生态系统被冲走（图2-27）。设计者提出的模块结构，可以很容易地安装在水面下，以种植红树林植物，帮助其在沿海栖息地茁壮成长。这些模块将成为幼年红树林树苗的容器和孵化器，随着时间的推移，这些树苗将变得更强壮，并形成一个天然的植被大坝。该结构的另一个优点，是为牡蛎和虾创造了新的栖息地（图2-28）[1]。

图2-27

图2-28

图2-29

① Modular CALTROPE structure reduce impact of rising sea levels by cultivating mangrove forests. (Dec 19, 2013). Retrieved April 22, 2016 from Dezeen.

图2-27　模块化红树林"鸟巢"效果图、结构示意图（dezeen，2012）

图2-28　"鸟巢"模块结构示意图（dezeen，2012）

图2-29　作为深水区域的漏油应对工作，空军后备司令部一架C-130飞机将分散剂部署到墨西哥湾（阿德里安·卡迪斯中士，2010）

2.3　破碎化基质的修复

2.3.1　资源过度开采下的破碎化基质修复

海洋污染修复

美国墨西哥湾漏油事件

当墨西哥湾 319 万桶石油泄漏到海里时，美国政府采取了两种解决办法，最基本的清理方法是用物理屏障控制石油的扩散。清理人员首先用漂浮障碍包围浮油，防止其蔓延到港口、海滩或生物重要地区，如沼泽。然后使用不同的工具清除或收集石油。当大部分石油被脱油器清除后，工人会使用吸附剂来清除留下的微量石油。吸附剂有三种主要类型：天然有机材料，如泥炭苔、稻草、干草和锯末；天然无机物质，如黏土、火山灰、沙子或紫砂；合成吸附剂，由类似塑料的材料制成，如聚氨酯、聚丙烯和聚乙烯。另一种选择是使用分散剂加速石油的自然生物降解。这些浮油会对沿海生态系统和动物造成严重破坏，因此清理人员使用分散剂——将石油分解成更小的颗粒的化学物质，这些颗粒更容易与水混合。当工人想要阻止浮油扩散到保护区（如港口或沼泽）时，通常使用分散剂。但分散剂也可能进入食物链，并可能伤害野生动物[1]（图 2-29）。

2.3.2　城市扩张干扰下的破碎化基质修复

沼泽湿地修复

湿地是两栖动物和鸟类非常重要的繁殖地，目前大多数城市化扩张和地下水位降低，使自然缓冲区的消失，给世界各地的湿地带来了巨大的压力。例如，在一些城市，湿地被开发为城市居民休闲区，湿地的水域受到更多的污染。

在美国，湿地建设的进程中认为，城市湿地的价值是高科技净化厂的 10 倍，城市湿地能够高效、廉价地净化城市水，同时可以缓冲降水造成的水土流失，并减缓其排水速度。这也是美国城市地区自然湿地得到保护的主要原因之一。特别是城市中的自然湿地，处理城市自然湿地的城市降水和地表水有助于消除磷酸盐、硝酸盐、固体物质和重金属。城市自然湿地可以用来保持或提高地表水的质量[2]。沉积物在天然三角洲中沉积，在沿海保护和河洪灾害防护方面可以发挥重要作用，为保护腹地提供天然屏障。

（1）美国纳帕索诺玛沼泽

1860 年左右，纳帕索诺玛沼泽为太平洋海岸数百万只鸟类提供了栖息地。到 20 世纪 80 年代中期，仅旧金山湾周边的湿地已经丧失了 91% 以上。根据美国国家科学院的一项研究，有记录以来最热的 10 年发生在过去 20 年。因此，未来 20 年，加利福尼亚海岸外太平洋海平面将上升约 1 英尺（约 0.3 米），到 2050 年上升 2 英尺（约 0.61 米）。像旧金山、奥克兰和福斯特市这样的城市，需要建立海堤屏障来防止洪水。随着海平面的急剧上升，湿地修复将更加困难和昂贵[3][4]。为了抵御洪水，湾区 54000 英亩的湿地需要在未来 15 年内完成修复。自 2001 年以来，纳帕索诺玛沼泽作为该计划的一部分，将 11250 英亩的前工业盐池恢

① The Ocean Portal Team . (July 15, 2011). Gulf Oil Spill. Retrieved April 22, 2016 from Ocean portal.

② Homes. B. (April 9, 2009). Retrieved April 22, 2016 from Urbangreenbluegrids.

③ Napa Sonoma Marsh. (Dec 9, 2009). Retrieved April 22, 2016 from Wikipedia.

④ Napa Sonoma Marsh. (Dec 9, 2009). Retrieved April 22, 2016 from Wikipedia.

复为自然景观，面积等同于 8500 个足球场，需 20 年完成，共三个阶段。当地政界人士和环境科学家正在共同努力建立一个平台，通过倡导税收措施，为修复工作提供资金。

与很多环境修复项目不同，如重新种植一片红树林，需要 100 年或 100 年以上才能取得成果，湿地修复的回报立竿见影[1]（图 2-30）。在卡内罗斯地区应用净化水种植葡萄，减少农民对抽取地下水的依赖。旧金山湾北岸正在进行新的尝试：使白蚁、鸭子、鲑鱼和其他野生动物回到新修复的沼泽和湿地中。此修复项目的主要意义包括：修复濒危物种、迁徙水禽和岸鸟、鱼类和其他水生物种的广泛栖息地；纳帕河和旧金山湾的水质得到改善；为公共开娱乐提供开放空间的机会，如捕鱼、观鸟、狩猎和环境教育[2]。

（2）班顿沼泽，美国

经过十多年的征地、规划、设计和准备，班顿马什国家野生动物保护区的尼勒屯沼泽修复项目已完工。其中大部分土地是堤坝低地牧场，最终将修复为潮汐沼泽，成为俄勒冈州有史以来尝试的最大潮汐沼泽修复项目。此项目还涉及其他生境，包括山间沼泽、森林湿地、草原和高地森林。

初步修复工作于 2009 年夏季开始，包括拆除小型农业排水沟。2010 年，大部分潮汐河道将被拆除，沿河的堤坝降低，潮汐闸门被拆除。这将使该地区消失了近一个多世纪以来的每日潮汐重新回归，植物和动物将开始适应新修复的环境[3]。此项目还间接保护了科奎尔 4500 年历史的美洲原住民印第安人部落的考

图 2-30 纳帕—索莫马沼泽国家野生动物区修复后的湿地状况（bayareanewsgroup，2013）

图 2-31 2011 年 11 月 25 日涨潮前约 1 小时，沼泽地洪水泛滥（USFWS）

① Hollibaugh, J. T. (1996). San Francisco Bay: The Ecosystem. Further investigations into the natural history of San Francisco Bay and delta with reference to the influence of man. American Association for the Advancement of Science.

② Napa Sonoma Marsh Restoration Project. (Dec 19, 2015). Retrieved April 22, 2016 from Napa.

③ Brophy, L. S., & van de Wetering, S. (2012). Ni-les' tun tidal wetland restoration effectiveness monitoring: Baseline: 2010-2011.

图 2-32　班顿沼泽国家野生
动物保护区恢复区（USFWS，
2011）

图 2-33　国际基因库斯瓦尔
巴德全球种子库（SGSV，
2015）

古遗址（图 2-31）。

　　然而，2011 年 12 月，班顿沼泽国家野生
动物保护区未能幸免于洪水，也许是因为修复
工程刚刚完工无法阻止洪水；然而，必须重新
评估此修复项目，并持续监控（图 2-32）。

2.3.3　自然灾害下的破碎化基质修复

1. 物种保护

挪威斯瓦尔巴德全球种子库

　　斯瓦尔巴德全球种子库位于挪威领土中遥
远的北极斯瓦尔巴德群岛。种子库试图在大规
模区域或全球危机期间确保全球基因库中种子
不被丢失。环保主义者卡里·福勒（Cary Fowler）
与国际农业研究协商小组（CGIAR）合作，
开始保护各种植物种子，这些种子是世界各地
基因库中保存种子的复制样本[1]。种子库提供
一个安全网络，防止传统基因库中多样性的丧
失[2]（图 2-33）。

2. 风蚀修复

拉盖里亚西班牙

　　拉盖里亚是西班牙加那利群岛中的兰萨罗
特岛上的一个区，以其火山景观的独特性而著
名。此区域因种植马尔瓦萨品种葡萄而成为闻
名世界的葡萄酒产区。葡萄树种植在圆锥体坑
中，坑宽 4～5 米，深 2～3 米，每个坑周围由
当地熔岩石子砌成矮墙。这种农业技术旨在收
获降雨和夜间露水，并利用矮墙保护植物免受
风蚀。这种种植方式使植物更容易在肥沃的土

① PANDEY. A . (Sept 15, 2015).
Retrieved April 22, 2016 from Ibtimes:
http://www.ibtimes.com/land-
degradation-desertification-might-
create-50-million-climate-refugees-
within-2097242

② Syria War Forces First Withdrawal
from Svalbard Global Seed Vault. (Sept
25, 2015). Retrieved April 22, 2016
from Nbcnews: http://www.nbcnews.
com/news/world/syria-war-forces-first-
withdrawal-artic-seed-vault-n433471

图2-34

图2-34 马尔瓦西亚葡萄
藤生长在本土的种植技术耕
作田中（Andreas Weibel，
2015）

壤中生根。本土村民也以同样的方式种植水果
（图2-34）。

2.4 破碎化精神世界的修复

记忆的修复是一种不可见的景观修复，这
是无价的，如果它属于景观结构的一部分，那
便是一种精神世界的基质，人类对历史文化或
自然认知。楼兰古城被风化侵蚀、巴米扬佛像
被恐怖组织轰炸、核泄漏等，人类面临着变化
无常的自然灾害和频繁的战争。所有这些支离
破碎的结构都影响人类认知和人类内在的精神
世界。然而，所有这些支离破碎的内在精神世
界都隐藏在斑块、廊道和基质的可视化破碎结
构中。这些破碎化精神世界的缘由：人类对资
源的贪婪、人定胜天的优越感等。因此当自然
灾难发生时，人类本能惧怕自然，所以最重要
的修复是修复人类认知中的自然观念。在试图
修复可见的支离破碎的景观结构之前，首先需
要通过反思修复内在的精神世界，比如，一条
悼念灾难或自然的沉思走廊。

2.4.1 资源过度开采下的破碎化精神世
界修复

矿山修复

（1）美国奥普斯40号

奥普斯40号是雕塑家哈德森为巴德学院
的雕塑和戏剧教授哈维·菲特创作的作品。菲
特于1938年购买了位于纽约索格蒂斯的占地

2.6 公顷的废弃蓝石采石场，在其上进行大型地景雕塑创作，包括一系列庞大的石砌坡道、基座和平台。20 世纪 70 年代，史密森学会的赫希霍恩博物馆在题为"探索地球：当代土地项目"的展览中，将此项目作为土地艺术和工程雕塑运动的先驱[1]（图 2-35，图 2-36）。

（2）中国上海辰山矿坑花园

伴随人类漫长的文明征程，采石业见证了人类从敬畏自然到向自然索取、再到大规模侵蚀自然的演变。对采石迹地的认知需要尊重客观现实，不能只是片面地看到其破坏性，而抹杀掉叠加在地貌特征上的历史文脉和科技发展背景等信息。如何实现采石废弃地再生已成为一个融合历史观、社会学、生态学、工程技术、地理地质、后工业景观的复合型课题[2]。在此课题上，朱育帆教授对于废弃采石场的成功重塑，使此地成为上海一个新的地标名片。该项目实现了生态修复与文化重塑。从一个危险的无法进入的废弃矿坑，修复重建成一个有吸引力的热点造访地，为游客提供了接近自然景观和体验采石文化的空间。设计师试图通过重塑土地形态和增加植被覆盖来构建新的共生空间。对于裸露的山丘和岩壁，设计师则尊重岩壁景观的真实性。通过营造出东方风格的自然文化体验，引导游客欣赏中国山水画和古典文学[3]（图 2-37）。

（3）爱德华·伯蒂恩斯基全球摄影作品

爱德华·伯蒂恩斯基，生于 1955 年 2 月 22 日，是加拿大摄影师和艺术家，以工业景观的大型摄影照片而闻名。人类在寻求吸引和排斥、诱惑和恐惧之间的对话，坚持维持原状，自然破碎区域已然是一种景观。映射出现代生存的困境。

图 2-35

图 2-36

图 2-37

① Opus 40. (March 19, 2014). Retrieved April 22, 2016 from Wikipedia.
② 孟凡玉, 朱育帆. "废地"、设计、技术的共语——论上海辰山植物园矿坑花园的设计与营建 [J]. 中国园林, 2017, 33（06）: 39-47.
③ Quarry Garden in Shanghai Botanical Garden. . (2012). Retrieved April 22, 2016 from Asla:https://www.asla.org/2012awards/139.html

图 2-35　普斯 40 号项目现场工作（opus40，1942）

图 2-36　在奥普斯 40 号项目中市民举办婚礼（辛西娅·德尔康特摄，2010）

图 2-37　采石场遗址：上图，修复前，2006 年；下图，修复后，2012 年（一语景观）

为了让这些想法变为现实，爱德华拍摄工业改造的景观全景：尾矿、采石场、废料堆。在他的网站上写道：将自然与工业对话是我工作的主要主题。我的作品与当代人类的伟大时代相交：从石材到矿物、石油、运输、硅等。对爱德华和看到这些摄影作品的人类而言，这些图像可以反映出当代的困境① （图2-38 ）。

2.4.2 城市扩张下的破碎化精神世界修复

1. 垃圾填埋场修复

丹麦阿马格能源中心

在离哥本哈根市中心不远的工业区，一座巨大的楔形建筑终于完工。这是一个极限运动场，如滑雪、卡丁赛车和攀岩等。其倾斜的屋顶将成为丹麦首都最新、最特别的旅游胜地。但是这座建筑真正的名字是阿马格·巴克焚化发电站，这是一个意义重大的尝试，以解决棘手的城市环境问题。这座耗资6.5亿美元的焚化发电站启动并运行后，每年将燃烧40万吨垃圾，为大约15万户家庭提供足够的热能和电能。阿马格能源中心重新定义了垃圾工厂与城市之间的关系② （图2-39 ）。

2. 郊区修复

（1）葡萄牙塔古斯线性公园

塔格斯线性公园位于葡萄牙首都里斯本北郊。此公园通过促进社会和公民参与重塑空间，重新平衡人类社区之间的联系和不同类型土地的使用方式，通过景观的介入，使荒废的郊区

地块内化转变。塔古斯线性公园结合了两种不同的空间类型：一个是多功能区域，由老沙矿河床沿岸空间组成；另一个是长达6公里的骑行路线，并设有观鸟站。此公园将来自城市和郊区的市民汇聚③。市民可以在这里徒步旅行、骑行、钓鱼和野餐。重塑这个时代充满危险物欲的价值观（图2-40 ）。

（2）法国Ella & Pitr事务所

Ella & Pitr是街头涂鸦艺术事务所，如同童年街头漫画般，他们以自己的方式使用空间，不用顾及观察者的视角。正是他们的创作，引发政府与社会对底层人民精神、生活状态的关注（图2-41 ）。

3. 光污染修复

（1）西班牙泰德国家公园

虽然泰德国家公园的天文台因其拥有最佳的环境条件以及最小的光污染，每年吸引成千上万的天文爱好者到来。然而当前，光污染已经开始影响整座岛屿。这种趋势必将影响观星质量。虽然孩子们害怕黑暗，但他们的父母必然知道，更黑暗、更干净的地方，没有受到人类干扰，在那里可以让观察宇宙的视野更加明亮（图2-42 ）。

（2）美国罗登火山口

詹姆斯·图雷尔说："我们与自然是永远无法分开的。我对光的热爱，与它来自何方无关。有人告诉我自然光和人造光的区别。然而我认为人造光也是因为钨丝在一定温度下发出的光，所以没有不自然的光④。"图雷尔是一位关注光和空间的美国艺术家，闻名全球。一个巨大的

① Burtynsky. E. (2011). Edward Burtynsky Quarry. German: Steidl.

② European Plants Generate Energy—and Pride—from Waste . (April 4, 2014). Retrieved April 22, 2016 from Dwell: http://www.dwell.com/green/article/european-plants-generate-energy%E2%80%94and-pride%E2%80%94waste#7

③ .Marques. V. S(2014). Four-Dimensional Landscape Architecture. Topos, 89, 68-73.

④ Whittaker, R. (2005). Greeting the Light: an interview with James Turrell. Works+ Conversations, (2).

图 2-38　西澳大利亚勒弗罗伊湖区中采矿（Edward Burtynsky，2007）

图 2-39　阿马格能源中心在哥本哈根向公众开放，其顶部是滑雪场（BDP，2017）

图 2-40　生活在城郊的居民在塔古斯线性公园钓鱼、骑马、跑步和锻炼（Topiaris，2013）

图 2-41　Ella & Pitr 街区艺术（Ella & Pitr，2011）

图 2-42　泰德国家公园天文台（泰德国家公园，2012）

肉眼（星空）观测站位于亚利桑那州弗拉格斯塔夫郊外，是一个有 40 万年历史的 3 英里（约4.83 公里）宽的天然陨石坑，也是图雷尔最出名的作品。图雷尔于 1974 年开始考查该项目，并在 1979 年购买了这个陨石坑。这个观测站是专门用来观测和体验天光、太阳和天体现象的，短暂的冬至和夏至在此观测尤佳。它邀请造访者成为积极的参与者，并获得将自我与宇宙连接的深刻个人体验[①]（图 2-43，图 2-44）。

（3）苏格兰克拉威克多宇宙项目

克拉威克多宇宙项目是在一个旧露天煤矿上创建的。这是一个重大的土地修复项目，旨在造福邻近的尼斯代尔社区。它由场地内的原始材料（2000 块壮观的巨石）构建，传达宇宙学主题——土堆星系、彗星碰撞、太阳圆形

剧场，营造一个令人惊讶的平衡宇宙体验空间，实现生命和心灵的对话。到访这个项目的游客将感受到身为宇宙一部分的荣誉（图 2-45）。

2.4.3 自然灾害下的破碎化精神世界修复

1. 干旱修复

美国螺旋码头

螺旋码头是 1970 年 4 月建造在犹他州罗泽尔角附近大盐湖东北岸的地景雕塑。其完全由泥浆、结晶盐、玄武岩和水组成，形成一个从湖岸伸出来的长 460 米、宽 4.6 米的逆时针线性螺旋圈。大盐湖水位随着周围山区的降水量而变化，在干旱时期码头会显现出来；在

图 2-43

图 2-45

图 2-44

① Roden Crater. (1977). Retrieved April 22, 2016 from Jamesturrell: http://jamesturrell.com/work/roden-crater/

图 2-43 圆锥体的航拍，使读者对该项目比例有所认知（詹姆斯·图雷尔，2011）

图 2-44 陨石坑的计划涉及与天空有关的多重视野（詹姆斯·图雷尔，2011）

图 2-45 参观者在项目中体验（查尔斯詹克斯摄，2015）

正常降水或水位上升到海拔 1279 米以上时，螺旋码头则被淹没。在建设期间，由于干旱极端天气造成湖水水位异常低。几年后，水位恢复到正常水平，码头便被淹没了近 30 年。直到 2002 年，该地区又经历了一次干旱天气，湖水水位降低，码头暴露于湖面近一年。2005 年春天，由于周围群山的积雪大大增加，积雪融化后，湖面水位再次上涨，码头被部分淹没。随着极端气候的频发，码头被淹没情况呈无规律波动①（图 2-46，图 2-47）。

2. 地震修复

意大利大克雷托·吉贝利纳

1968 年 1 月 14 日，地震摧毁了西西里岛上的吉贝利纳市，造成 1150 人伤亡、98000 人无家可归。而吉贝利纳市也迁移到距离原址约 20 公里处重建②。地震后吉贝利纳市市长卢多维科·科拉奥倡导众多著名艺术家加入新吉贝利纳市的建设中。而阿尔贝托·伯里对于新城建设并不感兴趣，而是通过在地震遗址上建造不朽的大地艺术作品来纪念灾难的创伤。伯里说："我们和建筑师赞马蒂一起去吉贝利纳，这是受市长委托去考察新城建设。当我访问时，新城已基本完工。我说让我们看看老城区在哪里。经过 20 公里的一条曲折的道路，一堆废墟展现在眼前……③我被震惊并哭泣了…当场我就产生了一个想法：在这里，我觉得我可以做一些事情。就这么决定了！"伯里受格兰德比安科的艺术作品启发形成吉贝利纳老城地景项目，将巨大的坟墓改变成广阔的废墟遗址（图 2-48）。

图 2-46　航拍螺旋码头在美国犹他州大盐湖东北岸（Daily Overview,2015）

图 2-47　三张螺旋码头现场图像显示随着水位变化，有助于区分不同季节和不同年份大盐湖（左下：2002，右上：2004，右下：2013）

① Spiral Jetty. (2015). Retrieved April 22, 2016 from Wikipedia: https://en.wikipedia.org/wiki/Spiral_Jetty

② Gibellina 1968. (2015). Retrieved April 22, 2016 from. Palinsesti.

③ Raisi. (Agust, 5, 2010). Grande Cretto – Burri – Gibellina. Retrieved April 22, 2016 from. Blogsicilia.

它占地几公顷，是世界上最大的当代"雕塑"。这不仅仅是一个雕塑，它还是一个地景。残存的建筑被统一压成均匀的混凝土体块，在这些均匀的体块之间，每个缝隙有 3.2 米宽。街区体块和裂缝的布局主要遵循城市原有布局。在这个纪念碑地景之上，似乎再次听到数千个葬礼游行队伍的哭声，在光滑的墙壁之间，冰冷感与完美无瑕的裂缝形成鲜明对比。在 2015 年 10 月 17 日伯里诞辰 100 周年之际，此处老城纪念碑地景遗址终于在完工 30 年后正式向公众开放（图 2-49）。

3. 修复对自然的认知

卡塔尔"东－西/西－东"

雕塑家理查德塞拉（生于 1939 年 11 月

2 日）是一个美国极简主义雕塑家，他以运用大型的金属板材组装雕塑作品著称。近些年，他的著名地景作品"东－西/西－东"反映了他从土地的视角，通过艺术干预去理解自然和尊重自然。"东－西/西－东"坐落在卡塔尔布劳克自然保护区，总跨度约 1 公里，包括 4 块钢板，每块超过 14 米高。最终呈现出来的效果是壮观的，虽然表现手法是现代的，但意义永恒[①]。塞拉成功地将公共艺术提升到另一个艺术维度，以当代视角塑造和诠释了沙漠景观，但同时以永恒的方式试图实现土地的艺术本质。

图 2-48 左图为格兰德比安科的艺术作品（格兰德比安科, 1971）；右图为伯里绘制的项目平面设计图（阿尔贝托·伯里, 1984）

图 2-49 托吉贝利纳地景项目现场图像（里诺帕尔马摄, 2008）

图 2-48

图 2-49

① EAST-WEST / WEST-EAST BY RICHARD SERRA. (Dec 9, 2015). Retrieved April 22, 2016 from Qatar Muesem: http://www.qm.org.qa/en/project/east-west-west-east-richard-serra

2.4.4　破碎化人道主义的修复

战争的修复

西班牙格尔尼卡轰炸

　　1937 年 4 月 26 日对格尔尼卡的轰炸是巴勃罗·毕加索著名的反战画作的主题来源，其最为著名的作品"格尔尼卡"是于 1937 年 6 月完成的油画。这幅画采用灰色、黑色和白色调色板，被誉为历史上最动人、最强大的反战画作之一。这幅大型壁画高 3.49 米，宽 7.76 米，显示了人类、动物和建筑物遭受暴力和混乱的痛苦①（图 2-50）。

　　与格尔尼卡隶属同省巴斯克自治区的雕塑家奇利达在格尔尼卡轰炸 50 周年之际，在象征巴斯克自治区自由的橡木花园中，设计了一个地景纪念碑。其形态似房屋，代表国家，并融入船锚，寓意着它内部是和平、生命、宽容的象征。雕塑家奇利达承认这场悲剧是没有预料到的，这是一个悲伤的故事，但与其回首往事，更需要向前看②（图 2-51）。

图 2-50　上图：轰炸后的格尔尼卡（eyewitnesstohistory，1937）下图：毕加索油画作品"格尔尼卡"（毕加索，1937）

图 2-51　纪念碑（Chillida，1988）

① Guernica (Picasso). (Nov 9, 2014). Retrieved April 22, 2016 from Wikipedia: https://en.wikipedia.org/wiki/Guernica_(Picasso)

② Chillida rinde homenaje al árbol de Guernica. (April 25, 1988). Retrieved April 22, 2016 from Elpais:http://elpais.com/diario/1988/04/25/cultura/577922406_850215.html

2.5 总结

　　将本章涉及的破碎景观格局修复案例进行总结后，不难发现：

　　（1）新泽西州环保部项目，由美国政府资助，修复近42英亩湿地，为野生动物提供了新的栖息地，为海岸线应对气候变化提供了支持。在这一章中，钱伯斯湾、弗拉姆博矿、墨西哥湾漏油、纳帕索诺玛沼泽、班顿沼泽的修复项目不仅是独立的格局修复案例，事实上，这些修复项目形成了一个恢复系统，将斑块、廊道、基质连接在一起，实现生态连通性的修复（图2-52）。

　　（2）野生动物穿越廊道结构，提供了向公众宣传解决廊道迁徙问题的机会。通过这些可见结构，人们可以亲眼体验并认同能够通过创造更安全动物迁徙廊道的工程景观设计。同时，改善野生动物穿越问题的设计方案具有改善驾驶者行车安全的双重好处。最终，随着许多交叉性廊道结构的建成，景观的破碎化可以重新连接起来，并最终恢复野生生态系统的重要功能。然而，有两个不可避免的事实，即最短的生态走廊并不总是最好的，以及气候极端化对廊道的线路存在根本性的改变。纽约州

图2-52　美国栖息地恢复项目，实现了从斑块过度到廊道，再过度到基质的修复（Noaa，2016）

立大学的生态学家萨迪·瑞安说："最短的路径并不总是最好的道路。连接并不总是一条直线的绿道。人类制造的野生走廊无法实现生态系统的真正连通性，而只是避免了对高速公路的威胁，而不能从根本关注到动物真正的迁徙生态系统。"在迁徙廊道的调研中，管理者需要解决其重点物种的生物学、行为学、遗传学、适应能力和栖息地问题等。他们必须扩大观测和实验数据，从物理层面预测气候变化、河流改道和狩猎对野生动物的相互分层影响。廊道的修复可以是管道，也可以是更复杂的栖息地延伸，也许更需要的是建设网状的迁徙廊道，而不仅仅是一条绿廊。野生动物对气候变化的反应不是一个线性的过程，我们不能指望所有物种的迁徙都只是简单地迁徙到较冷的气候区，也不能期望生态社区作为完整的单位进行移动。物种有其独立的能力来适应和迁徙。因此修复生态系统连接性变得更加困难[1]。例如，在距离班夫国家公园的迁徙绿廊40公里外的区域，路易丝冰川的衰退正在发生，对气候变化引起的动物迁徙路线和迁徙环境变化的修复应更为科学，更需要适合当前的生态系统。

　　（3）钱伯斯湾矿场修复项目在运营高尔夫球场区时使用了大量的水、化学品和除草剂。墨西哥湾漏油修复应用了化学分散剂，这些化学药剂均会进入野生动物食物链。班顿沼泽地修复后，该站点仍然没有足够的洪水防御能力。许多跨国工程公司试图改变全球范围气候变化的轨迹，以激进的技术，如向海洋倾倒大量的铁或石灰，以增加海洋光合作用；太阳辐射管

① Lester. L. (Octorb 19, 2012). The latest installment in ESA's Issues in Ecology series takes on models and methods forreconnecting wildlife habitat in restoration and conservation planning and management. Retrieved April 22, 2016 from Esa.

理技术，如在平流层喷洒气溶胶，力求尽量减缓全球变暖的趋势，而不是解决其根源问题。具有讽刺意味的是，我们可以发现修复现场周围正在出现更严重的破碎化现象。如雪崩发生在斯瓦尔巴尔全球种子库 2 公里外（图 2-53）。融化的刘易斯冰川位于班夫国家公园中，而在那里为了恢复野生动物迁徙走廊，建造了野生动物通道（图 2-54）。美国政府仍在恢复和疏导密西西比河洪灾，然而，与此同时，石油泄漏灾难发生在墨西哥湾，这是密西西比河的

入海口①。特库姆塞废弃矿山复垦项目获得工程卓越工程大奖，这一大型修复项目包括大面积的有毒煤矿垃圾的回收、大量高浓度硫酸组成的酸性矿井的连续排水。这种排水直接导致下游数英里大量鱼类死亡②（图 2-55）。所有这些具有讽刺意味的事件似乎表明，无论人类多么努力地修复（图 2-56），生态系统永远不会停止演变，包括破碎化演变。人类没有足够的时间面对灾难。迫切需要一个高效的环境评估平台。

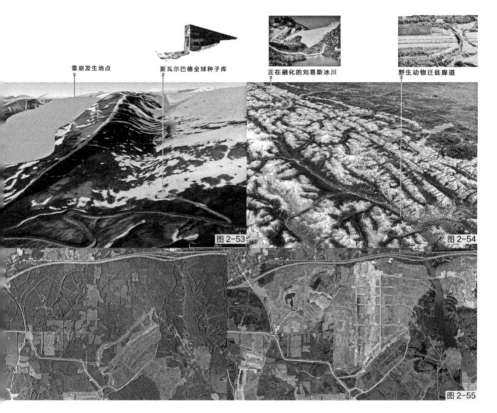

图 2-53　2015 年雪崩发生在斯瓦尔巴尔全球种子库 2 公里外

图 2-54　融化的刘易斯冰川位于班夫国家公园中，而用于恢复野生迁徙走廊的野生动物通道就在刘易斯冰川 40 公里外

图 2-55　左图为 2008 年特库姆塞废弃矿山复垦项目完工后；与 2016 年（右图）卫星图像对比显示此修复项目周围更多土地被破坏污染（NASA）

① Tornado Damage near Berry, Alabama. (May 13, 2011). Retrieved April 22, 2016 from NASA.
② TECUMSEH ABANDONED MINE LAND RECLAMATION PROJECT. (April 2, 2010). Retrieved April 22, 2016 from Gov.

2012

图 2-56　在不同类型的干扰下，全球典型的破碎化景观格局修复案例

● 恢复案例的国家

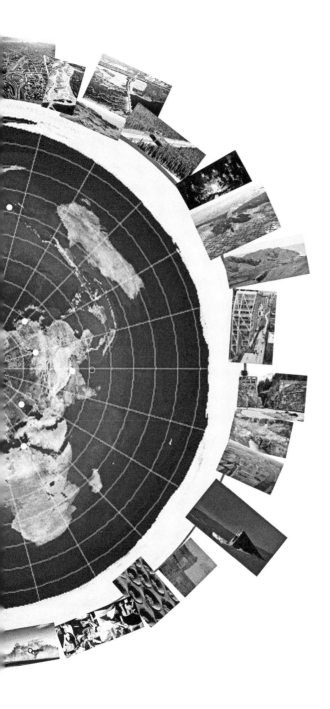

图 3-1　美国 NASA 常年火星模拟场所在地位于西班牙加那利群岛泰德活火山国家公园核心区

第 3 章　未来的景观修复

在撰写第 1 章（破碎化的景观格局）时，几乎每天公共媒体上都会有新的日益恶化的破碎化案例出现，面对不断增加的案例数量，我鼓励自己保持冷静，并详细研究每个案例。中国有个成语：久病成医。当我写到第 2 章（破碎化景观格局的修复）时，查阅到原来更多新的修复项目已经在进行中，一切变得乐观起来：美国人在经历了多年的飓风和洪水破坏之后，从国家滨海湿地恢复计划中取得了初步成果；加拿大为动物迁徙修建廊道；荷兰为洪水让出空间；冰岛建造了景观防御墙以抵御雪崩；甚至有更多的纪念灾害战争的景观出现，说明人类对自然的态度正在改善中。从某种意义上说，这本书是我自己作为一个"追梦者"去了解地球，帮助解决她的问题，实现自我存在的意义。希望这本书为支离破碎的人类、动物和植物物种提供避难所。然而我们需要继续探索更科学和适当的方法来修复自然的自我复原力。未来无论环境修复的美好愿景离我们有多远，也许最好的打开未来景观修复的方式隐藏在自然的处女地景观，遥远的宇宙或过去中（图 3-1）。在最后一章，我们将探讨未来景观修复的一切可能。

3.1　自然处女地的启示

自然处女地景观因太遥远，人类无法到达，通常位于高原、非洲沙漠、无人居住的岛屿和极地地区。在这些原始景观中，生态系统极其敏感，其变化很容易被放大，对于预测灾害趋势提供重要帮助。原始景观格局可以引导人类找到意想不到的修复方法，这种原始的无人为干扰的修复能力将成为未来的景观修复源动力。"修复"普遍是指由人类组织和协助生态系统回归良性发展趋势。然而，在没有任何人力介入的情况下，生态系统会回到早期发展阶段，或进入一个相当新的环境物种群。在这样的"扰动"之后，生态系统自发地发展到一个阶段。例如，在暴风雨期间，松树会被击倒，森林中的景观格局便发生了变化，但几十年后，这片区域可能再次成为针叶林；又如泥石流，即使土壤成分和结构发生巨大变化，但一段时间后将形成新的森林景观格局和土壤基质。这意味着并非在每一种破碎化格局下都需要"辅助"修复，也许若干情况下，景观修复可以由自然本身完成。

然而，对于未来的景观修复而言，如何从

生态系统自我修复的过程中汲取方法？我们必须深入了解自然修复状态是在何时何地何种生态系统中实现的？以及自然修复所涉及的时间长度。下面我们将了解全球多样生态系统下的自然处女地的自我修复[1]。

非洲是地球上最后的净土之一，这片土地拥有强大的自然力量。其北部被广阔的沙漠所覆盖，西部被热带雨林覆盖。最肥沃的大草原从西到南绵延数千英里。在最难以抵达的卡拉哈里沙漠的西南角有成千上万的神秘圆圈，这些圆圈的形状几乎没有改变和移动过。令人惊讶的是，虽然那里从不下雨，但地下层储水丰富（图3-2）。

尼拉贡戈火山拥有世界上少有的熔岩湖。熔岩的持续喷发改变着东非的地形。土地被丰富的火山土壤所覆盖，为植被建立了理想的存活条件，同时植被吸引了大量的野生动物，整个生态系统被激活。

东非的鲁文佐里山脉广为人知，是托勒密在150年前文字记载中提到的传说中的"月亮山"。它是全球生物多样性的热点，具有罕见的非洲高山动植物，其融雪从乌干达向北流入苏丹，它也是山地大猩猩最后的栖息地[2]（图3-3，图3-4）。

在非洲，危险的地方是博戈里亚湖。湖水中含有大量的高浓度有害元素。很少有其他生物居住在湖中，然而这些有害元素是蓝藻所必需的生存环境，蓝藻也是火烈鸟赖以生存的食物。

刚果热带雨林位于非洲中部，有500平方公里。雨后，所有的水沿着刚果河道向西流走，当经过非洲中部高原时，形成惊人的宗戈瀑布。所有原始的地貌与地质活动都为世界上最原始的森林提供食物。

在青藏高原上，雅鲁藏布江从西藏的喜马拉雅山脉流入印度。青藏高原冰雪融水为全世界近三分之一的人民提供淡水（图3-5）。

在冰岛，大部分高原穿插着山峰、冰原。五颜六色的流岩山脉位于冰岛高地菲亚拉巴克自然保护区，位于劳加伦熔岩田的边缘，是1477年火山爆发遗址（图3-6）。

一些无人居住的岛屿上仍有原始的植被格局，如斐济的小红树林岛。

也门的索科特拉岛被认为是阿拉伯海生物多样性的明珠，其植物中最引人注目的是龙血树，该树种目前仅在加纳利群岛还有野生树种存活，认定存活近800多年（图3-7）。

所有这些未被破坏的原始景观结构都是在自然自我修复能力下存活的案例。可以看到，巨大的生态循环力量存在于这些原始的斑块、廊道、基质中。在未来，亟待我们寻找出这些自然处女地的自我修复法则，以及驱动它们依赖于自我修复的源动力在艰巨的生态系统中运作。

① Fischer. A. (2016)Unassisted restoration: pitfalls and progress(OpenS). Ser conference.

② Glaciers Recede in East Africa's "Mountains of the Moon". (Octor. 9, 2015). Retrieved April 22, 2016 from Glacierhub: http://glacierhub. org/2014/10/09/glaciers-recede-in-east-africas-mountains-of-the-moon/

图 3-2

图 3-3

图 3-4

图 3-5

图 3-7

图 3-

图 3-2　每个圆圈相互隔离
（斯蒂芬·戈津，2014）

图 3-3　坐落在鲁文佐里山脉
中的斯佩克冰川与独特的非洲高
山植被（理查德泰勒，2014）

图 3-4　山地大猩猩生活在乌
干达的森林里，许多游客造访
（维龙加国家公园，2010）

图 3-5　西藏雅鲁藏布江的丝
带状支流（NASA，2012）

图 3-6　冰岛五颜六色的流岩
山脉（克里斯蒂安阿隆德，2015）

图 3-7　索科特拉岛上的龙血
树（罗德·瓦丁顿，2014）

3.2 遥远的宇宙启示

地球的未来将来会变成什么样子？这个问题不仅孩子会问，而且每个人都想知道。正如电影《疯狂的麦克斯：愤怒之路》的开头："我的名字是马克斯，我的世界是火和血。你为什么伤害这些人？蠢货！当然是因为石油！但不仅是石油战争，现在全世界也在为水源而战！战争是核战，造成我们的骨髓坏死，也造成孩子得怪病。当自然次序和世界次序崩溃时，我们每个人的生活都被打破。很难知道谁更疯狂…我还是其他人？"（图3-8）

地球生存环境可能永远不会成为像月球或火星那样的极端情况，然而永远对人类发出持续性警告：也许有一天地球、火星和月亮不再有差异。美国宇航局火星勘测轨道飞行器（MRO）的新发现提供了迄今为止最有力的证据，证明液态水正在火星间歇性地流动。火星斜坡上黑暗、狭窄的条纹，如黑尔火山口的条纹，推断是由当代火星上季节性水流形成的。行星科学家使用同一轨道器上的紧凑型侦察成像光谱仪的观测结果，在黑尔火山口的这些斜坡上探测到水与盐，证实条纹是由盐水形成的假设①（图3-9）。

这是一个激动人心的时刻，确认了火星上生命的存在。然而换一种思考方式：研究火星目前的状态能否帮助我们找出地球上生命在初始或最终状态中所必备的环境条件。这将有助于找到正确的方法来审视景观修复的初衷：什么是景观修复最基本的需求，以及地球存在初期环境中的生命要素。就如在景观格局完全被破坏后，最需要进行的修复，在初期修复中所

需要融入的要素到底是什么？如图3-10所示，在冰岛古尔福斯瀑布的图像上，我们假设水在这张图像上消失，那么与图3-9的火星图像极度相似。由此也许我们会找到答案。

西班牙酒河矿场是世界上最古老的矿场之一，拥有大量的铜矿。这条河的名字来自穿越它的红色酒河。这些颜色是由于高含量的硫酸铁，以及高酸性造成的。酒河矿场是一个全球独特的地方，无论是因为它的颜色，还是其特殊的环境条件。河流中的氧含量几乎为零，并蕴藏着大量微生物，与火星的环境相似性极高，这些微生物的存在吸引了美国宇航局的科学家对此地的生态系统进行调查②。其红色水域的特点是 pH 值在 1.7 ~ 2.5，呈高酸性，重金属含量高，主要是铁、铜、镉、锰等。这些适应极端栖息地的生物是嗜酸菌，只以矿物质为食。因此，美国宇航局选择以此作为模拟火星大气层的场所。并证实了某类型生物在火星上限制性条件下的存活可能性③。

1968 年 12 月 24 日平安夜，当阿波罗 8 号飞船进入月球轨道时，当晚，宇航员指挥官弗兰克·博曼、指挥舱飞行员吉姆·洛夫尔和月球舱飞行员威廉·安德斯在月球轨道上进行了现场直播，他们展示了从飞船上看到的地球和月球的照片（图3-11）。地球的图像在 43 年后由前宇航员哈里森·施密特在阿波罗 17 号被拍摄出，在图片中可以清晰地看到非洲（图3-12）。这两幅图像的比较表明，地球在过去 43 年发生了很大的变化，在月球的视角上可能难以感知，然而时间是最好的见证——人类正在破坏这个美丽的地球④。火星的环境

① Greicius.T.(Sept.28, 2015). Recurring 'Lineae' on Slopes at Hale Crater. Retrieved April 22, 2016 from NASA: http://www.NASA.gov/image-feature/jpl/pia19916/recurring-lineae-on-slopes-at-hale-crater-mars

② ADDRESSING CLIMATE CHANGE LEGACY—LUCIE FOUNDATION CURATES PHOTOGRAPHY EXHIBITION HIGHLIGHTING GLOBAL CLIMATE CHANGE. (2015). Retrieved April 22, 2016 from Luciefoundation.

③ Rio Tinto. (Feb 19, 2010). Retrieved April 22, 2016 from Wikipedia.

④ Earthrise Revisited. (May 28, 2015). Retrieved April 22, 2016 from Apollo flight journal.

条件与地球上加纳利群岛上的泰德国家公园极
其相似，使泰德国家公园成为与火星星球相关
研究的模拟场①。当我们站在泰德国家公园，
来具象地预测这个未来时刻：未来最绝望的时
刻是什么？也许多年后，地球可能会变得非常
类似于月球或火星，就像站在泰德国家公园上
观看月亮升起的那样，也许遥远的宇宙中隐藏
着许多答案（图 3-13）。

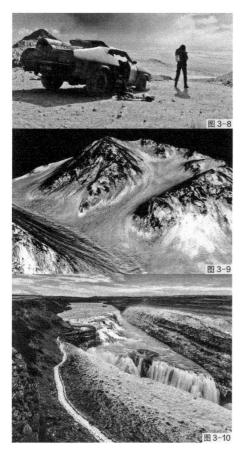

图 3-8

图 3-9

图 3-10

图 3-11

图 3-12

图 3-13

① https://en.wikipedia.org/wiki/
Teide_National_Park
"Tenerife se convierte en un
laboratorio marciano". Elmundo.
es. 3 November 2010. Retrieved20
September 2014.

图 3-8　《疯狂的麦克斯：愤
怒之路》第一幕（2015）
图 3-9　重复、黑暗、狭窄
的条纹在霍洛维茨火山口的斜
坡上（美国宇航局，2015）

图 3-10　冰岛古尔福斯瀑布
（Wild Wonders of Europe, 2011）
图 3-11　阿波罗 8 号为我们提
供了人类第一次记录下来的地球
从月球平面升起的彩色图像（指
挥官弗兰克·博曼，1968）

图 3-12　2015 年美国宇航
局月球勘测轨道飞行器捕获的
地出图像（NASA）
图 3-13　从加纳利群岛上的
泰德火山岛上观测月球（James
Hastie, 2012）

3.3　尘封的历史启示

意大利艺术家阿尔贝托·伯里在他艺术生涯末期的创作中回应了自己对于职业生涯的立场："我的最后一幅画和第一幅是一样的"[①]。尘封的历史总是可以唤醒我们被遗忘的信仰、原则和思想，很多真相是隐藏在过去的。然而，人类是贪婪和健忘的，他们总是忘记那些珍贵的记忆。在第1章的全球破碎化案例资料整理时，发现在大多数破碎化的格局案例中，我们只有稀少的历史资料。例如：1990年的老北京大街、1860年的香港维多利亚港、1770年的乾隆皇帝南巡第六卷轴——沿大运河进入苏州、1955年巴塞罗那加拉夫山谷、1911年美国欧文斯湖、1858年的美国胡佛水坝版画、1832年阿富汗巴米扬大佛手绘稿（图3-14）。所有这些历史图像让读者了解到许多原始的环境认知，在寻找未来景观修复正确方向上这给予我们很大的启示与帮助：过去永远是宝贵的启迪源泉。

3.4　终

在一篇名为《人类世的景观迁徙设计》文章中提到："气候变化加速了景观的迁徙。碳的运动会引发一连串的蝴蝶效应，导致景观在我们可以感知和体验的尺度上，迅速发生着变化。每十年，生物群落系统向地球两极迁徙约3.8英里（约6.12公里）。两极附近的冰融化，造成海洋中所有系统的重新分配：如上升的海水和强大的风暴改变和迁移了海岸线。"作家布雷特·米利根提到了一个词"景观迁徙"。回首历史，动物、人类及其文化是否与景观同在一场迁徙的旅程中呢[②]？作为作者，我更倾向给予这场旅程另一个名字：逃亡之路。

2015年夏天，在瑞士第一个国家公园Zernez国家公园成立100周年之际，我与丈夫和母亲一起来到位于瑞士意大利边境的画家塞甘蒂尼（Giovanni Segantini）博物馆。当我看到伟大的阿尔卑斯山画派画家乔瓦尼·塞甘蒂尼的《阿尔卑斯三部曲：生、自然、死》时，我决定以这三幅画作结束读者手中的这本书（图3-15）。阿尔卑斯山三部曲描绘了人类、自然的生命周期：每一次远行，终点就是家，一旦你离开了家，你就始终在回家的路上。希望地球在这场宏伟和漫长的逃亡之旅中，经历死亡和重生的循环，如季节交替般度过漫长冬日，春季总会来临。只要人类始终抱有这个信念，明天就是新的一天。

① CELLOTEX / FIBERBOARD. (1975). Retrieved April 22, 2016 from Guggenheim: http://exhibitions.guggenheim.org/burri/art/fiberboard/grande-nero-cellotex-m-1-1975

② Milligan, B. (2015). Landscape Migration. Places Journal.

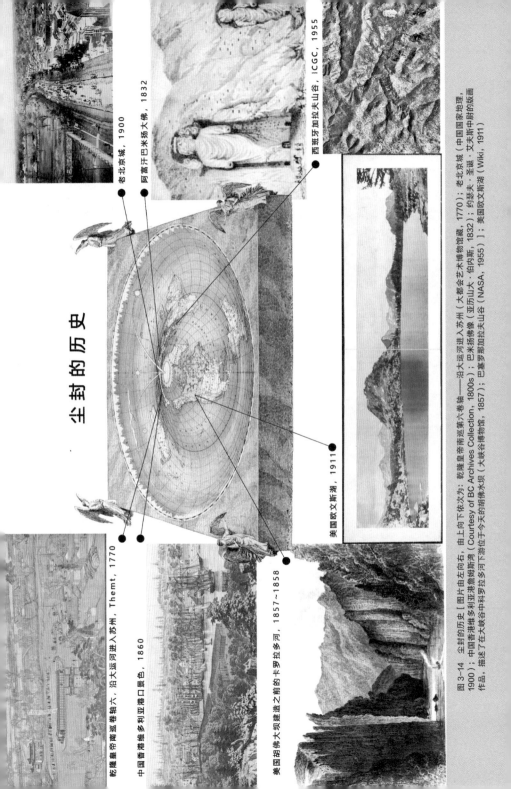

尘封的历史

老北京城，1900

阿富汗巴米扬大佛，1832

西班牙加拉夫夫山谷，ICGC，1955

美国欧文斯湖，1911

乾隆皇帝南巡卷轴六，沿大运河进入苏州，Themt，1770

中国香港维多利亚港口景色，1860

美国胡佛大坝建造之前的卡罗拉多河，1857~1858

图 3-14 尘封的历史 [图片由左向右，由上向下依次为：乾隆皇帝南巡第六卷轴——沿大运河进入苏州（大都会艺术博物馆藏，1770）；老北京城（中国国家地理，1900）；中国香港维多利亚港詹姆斯湾（Courtesy of BC Archives Collection, 1800s）；巴米扬佛像（亚历山大·伯内斯，1832）；约瑟夫·圣诺·艾夫斯中尉的版画作品，描述了在大峡谷中科罗拉多罗拉多河下游位于今天的胡佛大坝（大峡谷博物馆，1857）；巴塞罗那加拉夫夫山谷（NASA，1955）]；美国欧文斯湖（Wiki，1911）

图 3-15 《阿尔卑斯三部曲》（塞甘蒂尼，1899)

上图：生，1898~1899
三部曲开始于生机勃勃的贝尔格尔山脉，时间是下午晚些时候。太阳照耀在西奥拉群峰上，而月亮已经反射在小池塘里。一棵冷杉下一位母亲在哺育孩子。昼夜的循环预示着出生和死亡的循环与生命息息相关

中图：自然，1898~1899
三部曲的中段便是自然，太阳正在落山，它的最后一缕光线形成一个圆形的光环。前景中，两个牧民正默默地带领着他们的牛羊回家，观看着的视线被吸引到圣莫里茨的方向。这一幅画意味着人类的生活只是一个插曲，只有山和草甸，太阳和月亮，地球和水，树木和云永存，于是就有了三部曲的暮曲-死

下图：死，1898~1899
死亡在清晨到来，在马洛哈城外，以刚刚被太阳照亮的贝尔格尔山脉为背景，一个死去的女孩正被抬出一间小屋，一个马雪橇正在等待。哀悼者像冰冻的雪一样沉默。相比之下，在天空中，云聚集在了一起，仿若天堂高耸在整幅场景中。篱笆指示着即将启程的方向

英文名词索引

西班牙地中海俱乐部
Club Med, Spain
新西兰奥龙戈湾
Orongo Bay, New Zealand
西班牙巴伦西亚海湾的阿尔布费滨海区
The Seafront of the Albufera, Spain

1.3.1
加拿大黄石河沿岸的埃克森美孚输油管破裂事件
ExxonMobil pipeline rupture spilled into the
Yellowstone River, Canada

1.3.3
消退的加拿大路易斯冰川
Lewis Glacier, Canada
美国卡特里娜飓风
Hurricane Katrina, America
日本广岛和长崎的原子弹轰炸
Atomic bombings of Hiroshima and Nagasaki, Japan
轰炸西班牙格尔尼卡
The bombing of Guernica, Spain
切尔诺贝利核事故，俄罗斯
Chernobyl nuclear accident, Russia

2.1.1
美国钱伯斯湾
Chambers Bay, America
美国弗兰博矿
Flambeau Mine, America

2.1.2
西班牙加拉夫垃圾填埋场
Garraf landfill, Spain
西班牙图雷德拉罗维拉山
Turó de la Rovira hill, Spain

2.1.3
突尼斯西迪－图伊国家公园
Sidi-Toui National Park, Tunisia
里斯本旱地
Drylands, Lisbon
冰岛弗拉泰里村
Flateyri village, Iceland
冰岛西格鲁乔杜尔村
Siglujjordur village, Iceland

2.1.4
阿富汗巴米扬大佛
Buddhas of Bamiyan, Afghanistan
纳西里耶乌尔古城
Ur ancient city, Nasiriyah
美国夏威夷亚利桑那纪念馆
The USS Arizona Memorial, Hawaii

2.2.1
德国吉斯塔赫特大坝鱼洄游通道
Geesthacht Fish Pass, Germany
美国埃尔瓦大坝和格林斯峡谷大坝
Elwha Dam and Glines Canyon Dam, America

Spiral Jetty, America

意大利大克雷托·吉贝利纳

The Great Cretto Gibellina, Italy

卡塔尔"东－西／西－东"

"East-West/West-East", Qatar

2.4.4

西班牙格尔尼卡轰炸

The bombing of Guernica, Spain

有关网址

1968 Belice earthquake. (Aril 14, 2015). Retrieved April 22, 2016 from Wikipedia: https:// en.wikipedia.org/ wiki/1968_Belice_earthquake

Air Quality Suffering in China. (Jan 15, 2013). Retrieved April 22, 2016 from NASA: http://earthobservatory. nasa.gov/IOTD/view.php?id=80152

Alberto burri was born on march life. . (Feb 9, 2016). Retrieved April 22, 2016 from Guggenheim: http:// exhibitions.guggenheim.org/burri/art/sacks/grande-sacco-1952

Altitudinal migration. (2014). Retrieved April 22, 2016 from Wikipedia: https://en.wikipedia.org/wiki/ Altitudinal_migration

Arrangement of the summit of the Turó de la Rovira hill. (April 6, 2011). Retrieved April 22, 2015 from Public space: http://www.publicspace.org/en/works/g320-arranjamentdels-cims-del-turo-de-la-rovira/prize: 2012

Arrangement of the summit of the Turó de la Rovira hill. (April 6, 2011). Retrieved April 22, 2015 from

Public space: http://www.publicspace.org/en/works/ g320-arranjamentdels-cims-del-turo-de-la-rovira/ prize:2012

Bissonette, J. A., & Adair, W. (2008). Restoring habitat permeability to roaded landscapes with isometrically-scaled wildlife crossings. Biological Conservation, 141(2), 482-488. http://arc-solutions.org/new-thinking/

Blankets cover Switzerland's Rhone Glacier in vain effort to slow the melting of ice. (Dec 12, 2010). Retrieved April 22, 2016 from Straitstimes: http:// www.straitstimes.com/ world/europe/blankets-cover-switzerlands-rhone-glacier-in-vain-effort-to-slow-themelting-of-ice

Carrington . D. (May 19, 2014). Retrieved April 22, 2016 from Theguardian: http://www.theguardian. com/environment/2014/may/19/floods-dutch-britain-netherlandsclimatechange

CELLOTEX / FIBERBOARD. (1975). Retrieved April 22, 2016 from Guggenheim: http://exhibitions. guggenheim.org/burri/art/fiberboard/grande-nero-cellotex-m-1-1975

Chambers Bay. (Dec 21, 2015). Retrieved April 22, 2016 from Wikipedia: https://en.wikipedia.org/wiki/Chambers_Bay#cite_note-cbgcot-2

Chillida rinde homenaje al árbol de Guernica. (April 25, 1988). Retrieved April 22, 2016 from Elpais: http://elpais.com/diario/1988/04/25/cultura/577922406_850215.html

Contaminated Rio Doce Water Flows into the Atlantic (November 5, 2015). Retrieved April 22, 2016 from Nasa: http://www.earthobservatory.nasa.gov/NaturalHazards/view. php?id=87083

Crack memorial park. . (Dec 23, 2015). Retrieved April 22, 2016 from Mafengwo: http://www.mafengwo.cn/travel-news/177112.html

DAILYMAIL.COM. (March 16, 2015). The devastating effect humans are having on the planet laid bare by these stunning now and then pictures. Retrieved April 22, 2016 from Dailymail: http://www.dailymail.co.uk/news/article-2996485/The-devastating-effecthumans-having-planet-laid-bare-stunning-pictures.html#ixzz3UXRPxRaA

Disturbance on Dirt Roads Crossing Peru's Nasca World Heritage Site seen by NASA's UAVSAR. (Jan 5, 2016). Retrieved April 22, 2016 from NASA: http://www.jpl.nasa.gov/ spaceimages/details. php?id=PIA20378

Earthrise Revisited. (May 28, 2015). Retrieved April 22, 2016 from Apollo flight journal: http://earthobservatory.nasa.gov/IOTD/view.php?id=82693 EAST-WEST / WEST-EAST BY RICHARD SERRA. (Dec 9, 2015). Retrieved April 22, 2016 from Qatar Muesem: http://www.qm.org.qa/en/project/east-west-west-east-richardserra

European Plants Generate Energy—and Pride—from Waste . (April 4, 2014). Retrieved April 22, 2016 from Dwell: http://www.dwell.com/green/article/european-plantsgenerate-energy%E2%80%94and-pride%E2%80%94-waste#7

Evaluating Mangroves After the 2004 Indian Ocean Tsunami (Sept 23, 2011). Retrieved April 22, 2015 from Nasa: http://earthobservatory.nasa.gov/Features/GlobalLandSurvey/ sb3a.php

Flateyri. (August 14, 1999). Retrieved April 22, 2016 from Wikipedia: https://en.wikipedia. org/wiki/Flateyri

Flooding in Brazil After Dam Breach(November 5, 2015). Retrieved April 22, 2016 from Nasa: http://earthobservatory.nasa.gov/NaturalHazards/view.php?id=86990

FOUCHE. G. (Oct 19, 2015). Doomsday Arctic seed vault to receive two deposits in 2016. Retrieved April 22, 2016 from Reuters: http://www.reuters.com/article/us-environmentdoomsday-seeds-idUSKBN0TY0Z820151215

Fraser. C. . (Oct 14, 2013). Retrieved April 22, 2016 , from Yale: http://e360.yale.edu/feature/the_ambitious_restoration_of_an_undammed_western_river/2701/

Gibellina 1968. (2015). Retrieved April 22, 2016 from. Palinsesti: http://www.palinsesti. org/2006/grande-cretto

Glacial Collapse Threatens Huaraz, Peru. (April 4, 2003). Retrieved April 22, 2016 from NASA: http://earthobservatory.nasa.gov/IOTD/view.php?id=3343

Glacier Hazards. Retrieved April 22, 2016 from USGS: http://pubs.usgs.gov/pp/p1386i/ peru/hazards.html

Glaciers on Mars. (Dec 19, 2015). Retrieved April 22, 2016 from Wikipedia: https:// en.wikipedia.org/wiki/Glaciers_on_Mars

Glaciers Recede in East Africa's "Mountains of the Moon". (Octor. 9, 2015). Retrieved April 22, 2016 from Glacierhub: http://glacierhub.org/2014/10/09/glaciers-recede-in-eastafricas-mountains-of-the-moon/

Greenpeace apologises to people of Peru over Nazca lines stunt. (Dec 11, 2014).

Retrieved April 22, 2016 from Theguardian: http://www.theguardian.com/ environment/2014/dec/10/ peru-press-charges-greenpeace-nazca-lines-stunt

Greicius.T.(Sept.28, 2015). Recurring 'Lineae' on Slopes at Hale Crater. Retrieved April 22, 2016 from Nasa: http://www.nasa.gov/image-feature/jpl/pia19916/recurringlineae-on-slopes-at-hale-crater-mars

Guernica (Picasso). (Nov 9, 2014). Retrieved April 22, 2016 from Wikipedia: https://en.wikipedia.org/wiki/Guernica_(Picasso)

High Line (New York City)(August 6, 2015). Retrieved April 22, 2016 from Wikipedia: https://en.wikipedia.org/wiki/High_Line_(New_York_City)

Homes. B. (April 9, 2009). Retrieved April 22, 2016 from Urbangreenbluegrids: http:// www.urbangreenbluegrids.com/measures/urban-wetlands/

Ivanpah Solar Power Facility. (July 22, 2013). Retrieved April 22, 2015 from Wikipedia, the free encyclopedia: https://en.wikipedia.org/wiki/Ivanpah_Solar_Power_Facility

Japan's whaling fleets steam out to fight Western culinary imperialism. (Dec 5, 2015). Retrieved April 22, 2016 from The economist:http://www.economist.com/news/ asia/21679603-japan-returns-southern-ocean-japans-whaling-fleets-steam-out-fightwestern-culinary

Jorion, T. (2012). The Forgotten Line. Places

Journal. Retrieved April 22, 2016 from: https:// placesjournal.org/article/the-forgotten-line/

Kimmelman, M. (Feb 13, 2013). Going with the flow. . Retrieved April 22, 2016 from The New York Times: http://www.nytimes.com/2013/02/17/ arts/design/flood-control-inthe-netherlands-now-allows-sea-water-in.html?pagewanted=all&_r=1

La plaza de toros de Badajoz y el bombardeo de Guernica. (Nov 26, 2015). Retrieved April 22, 2016 from Periodistadigital: http://www. periodistadigital.com/alfonso-rojo/ reportero-de-guerra/2015/11/26/badajoz-reportero-guernica-guerra-1936-alfonso-guerracivil-vasco-rojo-requete-hemingway-yague-mola-franco-goring-steer-hitler-picasso.shtml

Landfill Turned Urban Oasis—Wetland Now Home to Fish and Birds. (Nov 21, 2013). Retrieved April 22, 2016 from Noaa: http://www.habitat.noaa.gov/ highlights/ landfillturnedurbanoasis.html

Lester. L. (Octorb 19, 2012). The latest installment in ESA's Issues in Ecology series takes on models and methods for reconnecting wildlife habitat in restoration and conservation planning and management. Retrieved April 22, 2016 from Esa: http://www.esa.org/ esablog/research/landscape-connectivity-corridors-and-more-in-issues-in-ecology-16/

Light pollution. (2015). Retrieved April 22, 2016

from Wikipedia: https://en.wikipedia.org/ wiki/ Light_pollution

Lincoln Park Wetlands Restoration. (Nov 21, 2013). Retrieved April 22, 2016 from Louisberger: http:// www.louisberger.com/our-work/project/lincoln-park-wetlandsrestoration-new-jersey-us

Martin Leggett. (July 16, 2011). Hydraulic fracturing and shale gas. Retrieved April 22, 2016 from Earthtimes: http://www.earthtimes.org/ encyclopaedia/environmental-issues/ hydraulic-fracturing-shale-gas/#0G4FCfDbyXcH4ZHc.99

Massive new wetlands restoration reshapes San Francisco Bay. (August 29, 2013). Retrieved April 22, 2015 from The mercury news: http://www. mercurynews.com/ ci_23977411/massive-new-wetlands-restoration-reshapes-san-francisco-bay

Mathare. (July 6, 2006). Retrieved April 22, 2015 from Wikipedia, the free encyclopedia: https:// en.wikipedia.org/wiki/Mathare

Modular CALTROPE structure reduce impact of rising sea levels by cultivating mangrove forests. (Dec 19, 2013). Retrieved April 22, 2016 from Dezeen:http://www.dezeen. com/2013/12/19/ modular-caltrope-structure-prevents-rising-sea-levels-mangrove-forests/

Morelle. R. (June 7, 2007). Argos: Keeping track of the planet. Retrieved April 22, 2016 from Bbc:

http://news.bbc.co.uk/2/hi/science/nature/ 6701221.stm Mossop, E., & Carney, J. In the Mississippi Delta: Building with Water.

Napa Sonoma Marsh Restoration Project. (Dec 19, 2015). Retrieved April 22, 2016 from Napa: http://www.napa-sonoma-marsh.org/overview.html

Napa Sonoma Marsh. (Dec 9, 2009). Retrieved April 22, 2016 from Wikipedia: https://en.wikipedia.org/ wiki/Napa_Sonoma_Marsh#cite_note-6

Napa Sonoma Marsh. (Dec 9, 2009). Retrieved April 22, 2016 from Wikipedia: https://en.wikipedia.org/ wiki/Napa_Sonoma_Marsh#cite_note-6

National September 11 Memorial & Museum. (Dec 9, 2014). Retrieved April 22, 2016 from Wikipedia: https://en.wikipedia.org/wiki/National_ September_11_ Memorial_%26_Museum

Nazca Lines. (Agust 9, 2014). Retrieved April 22, 2016 from Wikipedia: https://en.wikipedia.org/ wiki/Nazca_Lines#cite_note-21

November 2015 Paris attacks. (Nov 14, 2015). Retrieved April 22, 2016 from Wikipedia: https:// en.wikipedia.org/wiki/November_2015_Paris_ attacks

Oil Slick in the Gulf of Mexico. (May 19, 2010). Retrieved April 22, 2016 from NASA: http://earthobservatory. nasa.gov/IOTD/view.php?id=44006

Opus 40. (March 19, 2014). Retrieved April 22, 2016 from Wikipedia: https://en.wikipedia.org/wiki/ Opus_40

Orange, C. (2002). Northland region. the Encyclopedia of New Zealand, Retrieved April 22, 2016 from: http://www.teara.govt.nz/en/northland-region/ page-10

Orendain Almada, F. (2014). El Parc de La Trinitat: La Puerta Norte de Barcelona.
Retrieved April 22, 2016 from Diposit: http:// diposit.ub.edu/dspace/ bitstream/2445/56295/2/ Orendai%20Almada%20F%C3%A1tima_01.pdf
Orendain Almada, F. (2014). El Parc de La Trinitat: La Puerta Norte de Barcelona.
Retrieved April 22, 2016 from Dspace: http:// diposit.ub.edu/dspace/ bitstream/2445/56295/2/ Orendai%20Almada%20F%C3%A1tima_01.pdf
Owens_Lake. (June 6, 2013). Retrieved April 22, 2016 from Wikipedia, the free encyclopedia: https://en.wikipedia.org/wiki/Owens_Lake

Padma Nagappan. (Nov 8, 2014). Retrieved April 22, 2016 from Takepart: http://www. takepart.com/ article/2014/11/06/california-farmers-are-saving-water-and-thats-badwildlife

PANDEY. A . (Sept 15, 2015). Retrieved April 22, 2016 , from Ibtimes: http://www. ibtimes.com/ land-degradation-desertification-might-create-50-million-climate-refugeeswithin-2097242

Quarry Garden in Shanghai Botanical Garden. . (2012). Retrieved April 22, 2016 from Asla: https:// www.asla.org/2012awards/139.html

Raisi. (Agust, 5, 2010). Grande Cretto – Burri – Gibellina. Retrieved April 22, 2016 from. Blogsicilia: http://www.blogsicilia.eu/grande-cretto-burri-gibellina/

Reclaimed Flambeau Mine. (Nov 13, 2013). Retrieved April 22, 2016 from Dnr: http://dnr. wi.gov/topic/mines/flambeau.html

Río Tinto. (Feb 19, 2010). Retrieved April 22, 2016 from Wikipedia: https://es.wikipedia. org/wiki/ R%C3%ADo_Tinto

Roden Crater. (1977). Retrieved April 22, 2016 from Jamesturrell: http://jamesturrell. com/work/roden-crater/

September 11 attacks. (Nov 9, 2001). Retrieved April 22, 2016 from Wikipedia: https://en.wikipedia. org/wiki/September_11_attacks
Several people missing after avalanche smashes into houses on Arctic island. (Dec 15, 2015). Retrieved April 22, 2016 , from Independent: http://www. independent.ie/worldnews/europe/several-people-missing-after-avalanche-smashes-into-houses-on-arcticisland-34301064.html

Sichuan qiang - old anti - theft in 20 to defend the " panda corridors ". (Dec 17, 2015). Retrieved April 22,

2016 from Xinlang: http://news.qq.com/a/20151217/ 055997. htm?pgv_ref=aio2015&ptlang=2052#p=9

Sidi Toui National Park, Tunisia. . (Nov 2, 2008). Retrieved April 22, 2016 from Nasa: http://earthobservatory.nasa. gov/IOTD/view.php?id=35741

Spiral Jetty. (2015). Retrieved April 22, 2016 from Wikipedia: https://en.wikipedia.org/wiki/Spiral_ Jetty

Springtime in the South Atlantic. (Nov 23, 2015). Retrieved April 22, 2016 from Nasa: http://www. nasa.gov/image-feature/goddard/a-sky-view-of-earth-from-suomi-npp

Syria War Forces First Withdrawal from Svalbard Global Seed Vault. (Sept 25, 2015). Retrieved April 22, 2016 from Nbcnews: http://www.nbcnews. com/news/world/syriawar-forces-first-withdrawal-artic-seed-vault-n433471

TECUMSEH ABANDONED MINE LAND RECLAMATION PROJECT. (April 2, 2010). Retrieved April 22, 2016 from Gov: http://www.in.gov/dnr/reclamation/ 3507.htm

The Best Golfers in the World Are Playing on a Poop-Watered Course. (June 20, 2015). Retrieved April 22, 2016 from Motherjones:http://www.motherjones. com/ environment/2015/06/best-golfers-world-are-playing-golf-course-powered-poop

The Buddhas of Bamiyan. (March 3, 2001). Retrieved April 22, 2016 from BBC: http://www.bbc.co.uk/programmes/p03khlwf The devastating effect humans are having on the planet laid bare by these stunning now and then pictures. (March 16, 2015). Retrieved April 22, 2016 from Dailymail: http:// www.dailymail.co.uk/news/article-2996485/The-devastating-effect-humans-having-planetlaid-bare-stunning-pictures.html#ixzz3UXRPxRaA

The Ocean Portal Team. (July 15, 2011). Gulf Oil Spill. Retrieved April 22, 2016 from Ocean portal: http://ocean.si.edu/gulf-oil-spill

Tornado Damage near Berry, Alabama. (May 13, 2011). Retrieved April 22, 2016 from Nasa: http://earthobservatory.nasa.gov/NaturalHazards/view.php?id=50594

Tsunami Damage in Thailand. (January 16, 2005). Retrieved April 22, 2016 from NASA: http://earthobservatory.nasa.gov/IOTD/view.php?id=5168

West Side Line (NYCRR)(April 6, 2014). Retrieved April 22, 2016 from Wikipedia: https://en.wikipedia.org/wiki/West_Side_Line_(NYCRR)

Where Chinatown Began. (October 1st, 2015). Retrieved April 22, 2016 from Vogue: http://www.vogue.com/projects/13353964/california-drought-owens-lake/

WHY ARE ANIMALS DYING ON OUR ROADS . (April 23, 2014). Retrieved April 22, 2016 from Arc: HNTB+MVVA Win ARC Wildlife Crossing Competition. (Jan 25, 2011). Retrieved April 22, 2016 from Bustler: http://www.bustler.net/index.php/article/hntbmvva_win_arc_ wildlife_crossing_competition/

WHY ARE ANIMALS DYING ON OUR ROADS. (Nov 9, 2014). Retrieved April 22, 2016 from Arc: http://arc-solutions.org/new-thinking/

Wildlife Gallery. (Dec 23, 2012). Retrieved April 22, 2016 from Parks Canada: http:// www.pc.gc.ca/eng/pn-np/ab/banff/plan/transport/tch-rtc/passages-crossings/rechercheresearch/faune-wildlife.aspx?a=1&photo={FE28106E-BE57-480F-BE9A-764F77D129AC} World-Famous Buddhas of Bamiyan Resurrected in Afghanistan. (June 15, 2015). Retrieved April 22, 2016 from Ndtv: http://www.ndtv.com/world-news/world-famousbuddhas-of-bamiyan-resurrect-in-afghanistan-771524

World's highest glaciers, in Peruvian Andes, may disappear within 40 years. (Nov 5, 2015). Retrieved April 22, 2016 from ABC: http://www.abc.net.au/news/2015-11-05/ perus-highest-disappearing-glaciers-climate-change/6915668

USS Arizona Memorial. . (Nov 24, 2015). Retrieved April 22, 2016 from Wikipedia: https://en.wikipedia.org/wiki/USS_Arizona_Memorial

参考文献

[1] Adas, M. (1995). The Ecology of War: Environmental Impacts of Weaponry and Warfare. Forest & Conservation History, 39(4), 193-193.

[2] Anyamba, A., Tucker, C.J., Mahoney, R. (2002). El Niño to La Niña vegetation response patterns over East and Southern Africa during 1997-2000 period. Journal of Climate, 15, 3096-3103.

[3] Aronson, J., & Floc'h, E. (1996). Vital landscape attributes: missing tools for restoration ecology. Restoration Ecology, 4(4), 377-387.

[4] Arquitt, S., & Johnstone, R. (2008). Use of system dynamics modelling in design of an environmental restoration banking institution. Ecological Economics, 65(1), 63-75.

[5] ARANDA, B. & LASCH, C. (2006). Tooling. New York: Princeton Architectural Press.

[6] Arquitectes, B. I. R. (2006). La Vall d'en Joan Landfill Landscape. Fieldwork-Landscape Architecture Europe, 1.

[7] Ales, R. F., Martin, A., Ortega, F., & Ales, E. E. (1992). Recent changes in landscape structure and function in a Mediterranean region of SW Spain (1950–1984). Landscape Ecology, 7(1), 3-18.

[8] Baofa, Y., Huyin, H., Yili, Z., Le, Z., & Wanhong, W. (2006). Influence of the Qinghai-Tibetan railway and highway on the activities of wild animals. Acta Ecologica Sinica, 26(12), 3917-3923.

[9] Batlle, E. (2011). El jardín de la metrópoli: del paisaje romántico al espacio libre para una ciudad sostenible. Spain: GG.

[10] Blaschke, T., & Hay, G. J. (2001). Object-oriented image analysis and scale-space: theory and methods for modeling and evaluating multiscale landscape structure. International Archives of Photogrammetry and Remote Sensing, 34(4), 22-29.

[11] BISHOP, I. D. & LANGE, E. (2005). Visualization in Landscape and Environmental Planning, Technology and Application. London/New York: Taylor & Francis.

[12] Berger, J. (Ed.). (1990). Environmental restoration: science and strategies for restoring the Earth. USA: Island Press.

[13] Bergkamp, G., McCartney, M., Dugan, P., McNeely, J., & Acreman, M. (2000). Dams, ecosystem functions and environmental restoration. Thematic Review, 2(1).

[14] Bowman, M. B. (2002). Legal Perspectives on Dam Removal This article outlines the legal issues associated with dam removal and examines how environmental restoration activities such as dam removal fit into the existing US legal system. BioScience, 52(8), 739747.

[15] Bradbury, J. A. (1994). Risk communication in environmental restoration programs. Risk Analysis, 14(3), 357-363.

[16] Burtynsky. E. (2011). Edward Burtynsky Quarry. German: Steidl.

[17] Bogucki, D. J., & Turner, M. G. (1987). Landscape heterogeneity and disturbance. Germany: Springer.

[18] Box, E. O., Nakhutsrishvili, G., Zazanashvili, N., Liebermann, R. J., Fujiwara, K..

[19] Miyawaki, A. (2000). Vegetation and landscapes of Georgia (Caucasus), as a basis for landscape restoration. Faculty of Environment and Information Sciences / Graduate School of Environment and Information Sciences, 26(29).

[20] Baker, W. L. (1994). Restoration of landscape structure altered by fire suppression. Conservation Biology, 8(3), 763-769.

[21] Briskin, J. (2014). Potential impacts of hydraulic fracturing for oil and gas on drinking water resources. Ground water, 53(1), 19-21.

[22] Brophy, L. S., & van de Wetering, S. (2012). Niles' tun tidal wetland restoration effectiveness monitoring: Baseline: 2010-2011. USA: Green Point Consulting.

[23] Bas prince Reservoir (2012). Images revealing natural and artificial aspects. Topos, 78, 61-68.

[24] Cook, E. A. (2002). Landscape structure indices for assessing urban ecological networks. Landscape and urban planning, 58(2), 269-280.

[25] Collado, A. D., Chuvieco, E., & Camarasa, A. (2002). Satellite remote sensing analysis to monitor desertification processes in the crop-rangeland boundary of Argentina. Journal of Arid Environments, 52(1), 121-133.

[26] Chen, L, Wang, J., Wei, W., Fu, B., & Wu, D. (2010). Effects of landscape restoration on soil water storage and water use in the Loess Plateau Region, China. Forest Ecology and Management, 259(7), 1291-1298.

[27] CAPRA, F. (1997). A New Scientific Understanding of Living System. USA: Anchor Press.

[28] CHAMBERS, N., SIMMONS, C. & WACKERNAGEL, M. (2000). Sharing Nature's Interest: Ecological Footprints as an Indicator of Sustainability. United Kingdom: Earthscan Publications Ltd.

[29] De Meulder. Bruno. Shannon. Kelly (2009). A De-poldering Project in Beveren North, Belgium. Topos, 68,11-16.

[30] De la Reguera, A. F. (2001). Ordenación del frente litoral de la Albufera sector Dehesa del Saler, Valencia. Via arquitectura, (10), 76.

[31] DeRuyter de Wildt, M., H. Eskes, and K. F. Boersma (2012). The global economic cycle and satellite-derived NO2 trends over shipping lanes. USA: Geophysical Research Letters.

[32] Dennis Playdon (2006). Acoma: a landscape of Settlement. Topos, 56,57-62.

[33] Dahdouh-Guebas, F. (2002). The use of remote sensing and GIS in the sustainable management of tropical coastal ecosystems. Environment, development and sustainability, 4(2), 93-112.

[34] De Groot, W. T., & Tadepally, H. (2008). Community action for environmental restoration: a case study on collective social capital in India. Environment, Development and Sustainability, 10(4), 519-536.

[35] DeAngelis, D. L., Gross, L. J., Huston, M. A., Wolff, W. F., Fleming, D. M., Comiskey, E. J., & Sylvester, S. M. (1998). Landscape modeling for Everglades ecosystem restoration. Ecosystems, 1(1), 64-75.

[36] Duke, N. C., Meynecke, J. O., Dittmann, S., Ellison, A. M., Anger, K., Berger, U., ... & Koedam, N. (2007). A world without mangroves. Science, 317 (5834), 41-42.

[37] Enric Batlle. (2011). El jardín de la metrópoli. Del paisaje romántico al espacio libre para una ciudad sostenible. Spain:GG, 91-93.

[38] Eden, S., Tunstall, S. M., & Tapsell, S. M. (1999). Environmental restoration: environmental management or environmental threat. Area, 31(2), 151-159.

[39] Elliot, R. (1994). Ecology and the ethics of environmental restoration. Royal Institute of Philosophy Supplement, 36, 31-43.

[40] Erwin, R. M., Miller, J., & Reese, J. G. (2007). Poplar Island environmental restoration project: challenges in waterbird restoration on an island in Chesapeake Bay. Ecological Restoration, 25(4), 256-262.

[41] Fischer. A. (2016). Unassisted restoration: pitfalls and progress(OpenS). Ser conference.

[42] Flow regulation by dams affecting ichthyoplankton: the case of the Porto Primavera Dam, Paraná River. Brazil: River Research and Applications. 22, 555-565.

[43] Forman, R. T. (2014). Land Mosaics: The Ecology of Landscapes and Regions. USA: Island Press.

[44] Forman, R. T. (2003). Road ecology: science and solutions. USA: Island Press.

[45] Forman, R. T. (2000). Estimate of the area affected ecologically by the road system in the United States. Conservation biology, 14(1), 31-35.

[46] Giesen, W., Wulffraat, S., Zieren, M., & Scholten, L. (2007). Mangrove guidebook for Southeast Asia. Asia and the Pacific: FAO Regional Office .

[47] Gobster, P. H. (2007). Urban park restoration. Nature and Culture,2(2), 95-114.

[48] Green, K., Kempka, D., & Lackey, L. (1994). Using remote sensing to detect and monitor land-cover and land-use change. Photogrammetric engineering and remote sensing, 60(3), 331-337.

[49] Goodwin, B. J., & Fahrig, L. (2002). How does landscape structure influence landscape connectivity. Oikos, 99(3), 552-570.

[50] Galí, T.; Batlle, E.; Roig, J.(2004). Regeneració paisagística de l'abocador a la Vall d'en Joan. Spain: Quaderns d'arquitectura i urbanisme, 243, 48-57.

[51] Helsinki. Katri Pulkkinen (2001). Ecological noise abatement. Topos, 36, 29-33.

[52] Hester, R. E., & Harrison, R. M. (Eds.). (2002). Environmental and health impact of solid waste management activities. United Kingdom: Royal Society of Chemistry.

[53] Haines-Young, R., & Chopping, M. (1996). Quantifying landscape structure: a review of landscape indices and their application to forested landscapes.Progress in physical geography, 20(4), 418-445.

[54] Hay, G. J., Blaschke, T., Marceau, D. J., & Bouchard, A. (2003). A comparison of three image-object methods for the multiscale analysis of landscape structure. ISPRS Journal of Photogrammetry and Remote Sensing, 57(5), 327-345.

[55] Holl, K. D., Crone, E. E., & Schultz, C. B. (2003). Landscape restoration: moving from generalities to methodologies. BioScience, 53(5), 491-502.

[56] Houston, B. (2013). The Environment Encyclopedia and Directory 1998. Reference Reviews.

[57] Hooftman. Eelco (2009). Landscape of Extremes. Topos, 66,39-45.

[58] Hoare, B. (2009). Animal migration: remarkable journeys in the wild. USA: University of California Press.

[59] Hoffman, J. (2012). Potential Health and Environmental Effects of Hydrofracking in the Williston Basin. USA: Geology and Human Health.

[60] Hollibaugh, J. T. (1996). San Francisco Bay: The Ecosystem. Further investigations into the natural history of San Francisco Bay and delta with reference to the influence of man. USA: American Association for the Advancement of Science.

[61] Huete-Perez, J. A., Meyer, A., & Alvarez, P. J. (2015). Rethink the Nicaragua canal. Science, 347(6220), 355-355.

[62] Kang, S., Su, X., Tong, L., Zhang, J., Zhang, L., & Davies. (2008). A warning from an ancient oasis: intensive human activities are leading to potential ecological and social catastrophe. The International Journal of Sustainable Development & World Ecology, 15(5), 440-447.

[63] Kays, R., Crofoot, M. C., Jetz, W., & Wikelski, M. (2015). Terrestrial animal tracking as an eye on life and planet. Science, 348(6240), 2478.

[64] LIU, J. F., ZHANG, J., & WANG, G. Y. (2008). Study on Tourism Development Strategies of the" Ancient Tea Horse Road" in Yunnan Based on" Point-Axis System" Theory. Journal of Guilin Institute of Tourism, 1, 24.

[65] Livia Corona (2010). Two Million Homes for Mexico , Topos, 76, 55-63. LEATHERBARROW, D. (2013). Performance-Orientated Architecture: Rethinking Architectural Design and the Built Environment. UK : Wiley & Sons.

[66] Lü, R., Tang, B. X., & Li, D. J. (1999). Debris flow and environment in Tibet. Chengdu Science and Technology University Press, 106-136.

[67] Lin, Z., & Zhao, X. (1996). Spatial characteristics

of changes in temperature and precipitation of the Qinghai-Xizang (Tibet) Plateau. SCIENCE IN CHINA SERIES D EARTH SCIENCES, 39, 442-448.

[68] Manuel Alvarez Diestro (2013). New Cairo: Photos of an emerging gated city in the desert. Topos, 2013, 82,49-55.

[69] Marques. V. S (2014). Four-Dimensional Landscape Architecture. Topos, 89, 68-73.

[70] Marques. V. S (2014). Four-Dimensional Landscape Architecture. Topos, 89, 68-73.

[71] McGarigal, K., Tagil, S., & Cushman, S. A. (2009). Surface metrics: an alternative to patch metrics for the quantification of landscape structure. Landscape ecology, 24(3), 433-450.

[72] MOORE, K. (2010). Overlooking the Visual: Demystifying the Art of Design. New York : Routledge.

[73] Moore, D., & Willey, Z. (1991). Water in the American West: Institutional Evolution and Environmental Restoration in the 21st Century. U. Colo. L. Rev., 62, 775.

[74] Morrison, D. (1987). Landscape restoration in response to previous disturbance. In Landscape heterogeneity and disturbance. New York : Springer, 159-172.

[75] Moreira, F., Queiroz, A. I., & Aronson, J. (2006). Restoration principles applied to cultural landscapes. Journal for Nature Conservation, 14(3), 217-224.

[76] Mias Gifre, J. M. (2013). Banyoles: Banyoles old town refurbishment project by Josep Miàs.

Spain: Bas López X.

[77] Milligan, B. (2015). Landscape Migration. Places Journal.

[78] Molcanova, R., & Wacher, T. (2008). Scimitar-horned Oryx Behaviour and the Influence of Management in a Fenced Protected Area: Sidi-Toui National Park, Tunisia. Topos, 56,108-117.

[79] Nassauer, J. I. (1995). Culture and changing landscape structure. Landscape ecology, 10(4), 229-237.

[80] Nadine Gerdts (2010). The High Line: New York City. Topos, 69,16-21.

[81] Nam, C. L. P. T. V. (2015). Review of Existing Research on Fish Passage through Large Dams and its Applicability to Mekong Mainstream Dams. MRC Technical Paper. 48.

[82] Nicole, W. (2012). Lessons of the Elwha River: managing health hazards during dam removal.

[83] Owen, D. (2014). Flood and coastal erosion risk management: a manual for economic appraisal. Routledge.

[84] Pielke, R. A., & Avissar, R. (1990). Influence of landscape structure on local and regional climate. Landscape Ecology, 4(2-3), 133-155.

[85] Pyke, D. A., & Knick, S. T. (2005). Plant invaders, global change and landscape restoration. African Journal of Range and Forage Science, 22(2), 75-83.

[86] Puspita Galih Resi (2013). Indonesian Mining Landscapes: The reclamation of ore mining sites in Mimika Regency. Topos, 82, 42-48.

[87] Iskandar, I. K. (Ed.). (2000). Environmental

restoration of metals-contaminated soils. USA: CRC Press.

[88] IZRAELEVITZ, D. (2003). A Fast Algorithm for Approximate Viewshed Computation. Photogrammetric Engineering & Remote Sensing, 69 (7), 767-774.

[89] Rebele, F., & Lehmann, C. (2002). Restoration of a landfill site in Berlin, Germany by spontaneous and directed succession. Restoration Ecology, 10(2), 340-347.

[90] RICHARD,T. y Forman, M. (1986). Landscape Ecology. USA: Wiley, p.87-94.

[91] RICHARD,T. y Forman, M. (1986). Landscape Ecology. USA: Wiley, p.131.

[92] Robert Schafer (2003). The focal distance: photographs of theLausitz. Topos, 44,61-65.

[93] Rolf Kuhn (2005). Changing the landscape of Lusatia. Topos, 47,61-65.

[94] Rudnick, D. A., Ryan, S. J., Beier, P., Cushman, S. A., Dieffenbach, F., Epps, C. W., ... & Merenlender, A. M. (2012). The role of landscape connectivity in planning and implementing conservation and restoration priorities. Issues in Ecology.

[95] Ru-rong, Y. A. N. G. (2003). Grassland ecological environment safety and sustainable development problems in the Tibet Autonomous Region. Acta Pratacultural Science, 6(4).

[96] SABINE MÜLLER. ANDREAS QUEDNAU (2010). Xeritown, Dubai: Mixed-use development applies sustainable principles, Topos, 70, 88-93.

[97] SandraMeyer Rikde Visser (2003). Master Plan for Reden Mine, Topos, 4,69-74.

[98] Stanturf, J., Madsen, P., & Lamb, D. (Eds.). (2012). A goal-oriented approach to forest landscape restoration. USA: Springer Science & Business Media.

[99] SPIRN WHISTON, A. (2000). Landscape Architecture, and Environmentalism: Ideas and methods in Context. USA: Harvard University, 97-114.

[100] Skrenička, P., & Kašparová, I.(2008). Restoration of visual values in a post-mining landscape. Journal of Landscape studies, 1, 1-10.

[101] Simmons, E. (1999). Restoration of landfill sites for ecological diversity. Waste management and research, 17(6), 511-519.

[102] Shelterbelt Program: The afforestation of deserts. Topos, 82, 30-36.

[103] Scott Hawken (2010). Ballast Point Park In Sydney. Topos, 69, 46-48.

[104] Takekawa, J. Y., Miles, A. K., Schoellhamer, D. H., Martinelli, G. M., Saiki, M. K., & Duffy, W. G. (2000). Science support for wetland restoration in the Napa-Sonoma salt ponds, San Francisco Bay estuary. US Geological Survey.

[105] Taylor, P. D., Fahrig, L., Henein, K., & Merriam, G. (1993). Connectivity is a vital element of landscape structure. Oikos, 571-573.

[106] Thorhaug, A.N.I.T.R.A. (1990). Restoration of mangroves and seagrasses—economic benefits for fisheries and mariculture. Environmental Restoration: Science and Strategies for Restoring the Earth, 265-281.

[107] TABACCHI, E., PLANTY-TABACCHI, A. N. N. E., SALINAS, M. J., & DÉCAMPS, H. (1996). Landscape structure and diversity in riparian plant communities: a longitudinal comparative study. Regulated Rivers: Research & Management, 12(4-5), 367-390.

[108] Vaghti, M. G., Holyoak, M., Williams, A., Talley, T. S., Fremier, A. K., & Greco, S. E. (2009). Understanding the ecology of blue elderberry to inform landscape restoration in semiarid river corridors. Environmental Management, 43(1), 28-37.

[109] Vallauri, D., Aronson, J., Dudley, N., & Vallejo, R. (2005). Monitoring and evaluating forest restoration success. In Forest restoration in landscapes. New York: Springer, 150-158.

[110] Van Oosten, C. (2013). Restoring landscapes—Governing place: A learning approach to forest landscape restoration. Journal of sustainable forestry, 32(7), 659-676.

[111] Vilhjalmsson. (2001). Avalanche defence structures in Iceland. Topos, 36, 42-47.

[112] Wang, Y., Zhao, Y., & Han, D. (1999). The spatial structure of landscape eco-systems: concept, indices and case studies. Advance in Earth Sciences, 14(3), 235-241.

[113] Weilacher (2010). Learning from Duisburg-Nord. Topos, 69,94-97.

[114] Whittaker, R. (2005). Greeting the Light: an interview with James Turrell. Works + Conversations.

[115] Yang, M., Wang, S., Yao, T., Gou, X., Lu, A., & Guo, X. (2004). Desertification and its relationship with permafrost degradation in Qinghai-Xizang (Tibet) plateau. Cold Regions Science and Technology, 39(1), 47-53.

[116] Zhou, P., Luukkanen, O., Tokola, T., & Nieminen, J. (2008). Vegetation dynamics and forest landscape restoration in the Upper Min River watershed. Restoration Ecology, 16(2), 348-358.

[117] Zhimin, L., & Wenzhi, Z. (2001). Shifting-sand control in central Tibet. The Human Environment, 30(6), 376-380.